高等职业教育系列教材

服务机器人综合应用

主　编　卜　峰　吴　倩
副主编　吴　尘　罗　伟
参　编　王　鹏　王明松

机　械　工　业　出　版　社

本书围绕服务机器人“能听会说”“行动自如”“精准服务”的要求，集多功能综合应用开发于一体，将企业开发流程转化为项目教学流程，采用项目引领、任务驱动的模式，紧扣服务机器人应用技术员国家职业技能标准，是校企合作开发的新形态工作手册式活页教材。

全书共五个项目，包括服务机器人认知、智能语音功能开发与应用、智能识别功能开发与应用、智能导航功能开发与应用、服务机器人功能集成开发与应用。每个项目根据开发流程，又分为若干任务。

本书强调实用性和操作性，适合作为高等职业院校服务机器人综合应用、Android 应用开发等课程的教材，也可作为相关人员的岗位培训教材。

本书配有教学视频等资源，可扫描书中二维码直接观看，还配有电子课件、素材文件等，需要的教师可登录机械工业出版社教育服务网 www.cmpedu.com 免费注册后下载，或联系编辑索取（微信：13261377872，电话：010-88379739）。

图书在版编目（CIP）数据

服务机器人综合应用 / 卜峰，吴倩主编. -- 北京 : 机械工业出版社，2025. 6. -- (高等职业教育系列教材). --ISBN 978-7-111-78473-9

Ⅰ. TP242.3

中国国家版本馆 CIP 数据核字第 2025JP1688 号

机械工业出版社（北京市百万庄大街 22 号　邮政编码 100037）

策划编辑：曹帅鹏　　责任编辑：曹帅鹏　戴　琳

责任校对：杜丹丹　王小童　景　飞　　责任印制：单爱军

中煤（北京）印务有限公司印刷

2025 年 7 月第 1 版第 1 次印刷

184mm×260mm · 12 印张 · 258 千字

标准书号：ISBN 978-7-111-78473-9

定价：52.00 元

电话服务

客服电话：010-88361066

010-88379833

010-68326294

网络服务

机　工　官　网：www.cmpbook.com

机　工　官　博：weibo.com/cmp1952

金　书　网：www.golden-book.com

机工教育服务网：www.cmpedu.com

Preface 前言

当前，机器人产业蓬勃发展，正显著改变着人类的生产和生活方式，为经济社会发展注入强劲动能。同时，随着人工智能、大数据、5G 等新技术的发展，服务机器人技术趋于成熟，伴随着人口老龄化程度的加剧，机器人作为未来社会的主要劳动力已成为可能。2021 年，人力资源社会保障部发布了“服务机器人应用技术员”这一新职业。2023 年，工业和信息化部等十七部门印发《“机器人+”应用行动实施方案》，更是体现了数智化新兴产业以及智能制造产业转型升级对服务机器人应用技术人员的迫切需求。为了更好地培养相关技术人才，编者结合科大讯飞服务机器人真实案例编写了本书。

本书以服务机器人智能语音、智能识别、智能导航及功能集成应用实现为主线，采用项目化方式推进，内容深入浅出、通俗易懂。本书有以下突出特点：

1）体现“新知识、新技术”，实现课程内容与职业标准的对接、教学过程与生产过程的对接。本书立足服务机器人现场工程师典型岗位的工作任务及职业能力，基于项目与应用开发，体现智能语音、视觉、导航等新技术，切实提升学生创造性解决技术应用问题的能力。

2）体现“做中学、做中评”，满足学生现场工作需要，提供技术运用等现场指导信息，以工作手册式活页的设计清晰地呈现工作流程、开发步骤，同时强调技术知识的运用，并进行过程性多元评价。

3）体现“动态调整、与时俱进”，确保内容不断跟进技术发展现状和发展趋势，通过校企深度合作，及时将新技术发展与项目应用补充更新到学习内容中。

4）体现“数智协同、资源共享”，依托学校在线课程平台、企业讯飞开放平台、AIUI 开发平台等丰富的数智化资源，体现新型一体化教材特质，在图文结合的同时，辅以丰富的二维码信息化资源，操作过程中可以随时扫码学习。

本书编者致力于教学研究和课程建设，经过长期的教学科研积累和校企合作实践，不断跟进服务机器人应用与发展趋势，并进行 Android 应用开发研究，参与企业项目开发，形成了一支治学严谨、教学水平高、职称年龄结构合理的编写团队，既有从事服务机器人、人工智能、Android 应用开发等教学与科研的一线教师，也有具有丰富实践经验的企业工程师、管理人员。

本书由卜峰、吴倩担任主编，吴尘、罗伟担任副主编，参加编写的还有王鹏、王明松。其中吴尘编写了项目 1、吴倩编写了项目 2、卜峰编写了项目 3、项目 4；罗伟、王明松和王鹏共同编写了项目 5。此外，王明松提供了企业项目案例及相关指导，王鹏负责协调实训内容等相关工作。全书由吴倩、卜峰统稿和定稿。

本书在编写过程中得到了苏州市职业大学教务处、电子信息工程学院领导的大力支持，以及科大讯飞股份有限公司的倾力帮助，在此一并表示衷心的感谢！

由于编者水平有限，书中难免存在疏漏及不足之处，恳请广大读者批评指正，提出宝贵意见。

编　者

目录 Contents

前言

项目1 服务机器人认知 …… 1

项目描述 …… 1
学习目标 …… 1
学习载体 …… 1
知识链接 …… 2
任务1.1 服务机器人硬件结构介绍 …… 5
任务1.2 机器人开发平台介绍 …… 8
任务1.3 机器人开发环境配置 …… 14
项目评价 …… 37

项目2 智能语音功能开发与应用 …… 39

项目描述 …… 39
学习目标 …… 39
学习载体 …… 39
知识链接 …… 40
任务2.1 语音识别功能的开发实现 …… 41
任务2.2 语音合成功能的开发实现 …… 52
任务2.3 语音交互问答库及技能设计 …… 60
任务2.4 语音查询功能的开发实现 …… 69
项目评价 …… 87

项目3 智能识别功能开发与应用 …… 89

项目描述 …… 89
学习目标 …… 89
学习载体 …… 89
知识链接 …… 90
任务3.1 人脸识别功能开发实现 …… 91
任务3.2 证件文字识别功能开发实现 …… 109
任务3.3 人证合一功能开发实现 …… 120
项目评价 …… 126

项目4 智能导航功能开发与应用 …… 128

项目描述 …… 128
学习目标 …… 128
学习载体 …… 128
知识链接 …… 129
任务4.1 扫图作业与地图管理实现 …… 130
任务4.2 手动指令移动功能开发实现 …… 141

任务 4.3　语音命令移动功能开发实现 …… 152
项目评价 …… 158

项目 5　服务机器人功能集成开发与应用 …… 160

项目描述 …… 160
学习目标 …… 160
学习载体 …… 160
任务 5.1　循声转向与表情协同功能实现 …… 161
任务 5.2　身份识别与定制提醒功能实现 …… 173
任务 5.3　地点引领与物品递送功能实现 …… 178
项目评价 …… 185

参考文献 …… 186

学习笔记

项目 1 服务机器人认知

项目描述

本项目主要使学生了解服务机器人“小途”的基本硬件结构及主要功能、机器人开发平台构成以及机器人的各能力包组成，并能够完成机器人开发环境的搭建与配置。

学习目标

知识目标：

1. 掌握服务机器人的基本硬件结构及主要功能。
2. 掌握服务机器人开发平台的主要构成及能力库调用流程。
3. 掌握服务机器人开发环境搭建的基本流程。

能力目标：

1. 能够对服务机器人本体进行基本操作。
2. 能够对服务机器人开发环境进行搭建和配置。
3. 能够对服务机器人测试应用进行开发与调试。

素质目标：

1. 承担社会责任与提升服务意识。
2. 激发科技强国的情怀和使命感。

学习载体

硬件环境	实验箱	机器人开发实验箱
	机器人	服务机器人本体
	本地计算机	CPU：酷睿 i3 四代 2.0 GHz 以上 内存：4 GB 以上
软件环境	开发语言	Java
	开发工具	Android Studio 3.0.1 以上、ADB（1.0.40 版本）、JDK 1.8
	开放平台	AIUI 开放平台
依赖模块/库	能力包	机器人基础能力包：commonAbility-release.aar 机器人日志辅助包：starrobot-logability.aar AIUI 能力包：aiuilibrary-release.aar

学习笔记 知识链接

1. 服务机器人简介

服务机器人是用于非制造业且服务于人类的各种机器人。从机器人的功能特点上来讲，服务机器人与工业机器人的一个本质区别在于：工业机器人的工作环境都是已知的，而服务机器人所面临的工作环境具有多样性。

（1）服务机器人定义

国际机器人联合会（International Federation of Robotics，IFR）给服务机器人一个初步的定义：服务机器人是一种半自主或全自主工作的机器人，它能完成有益于人类的服务工作，但不能从事生产工作。

（2）服务机器人分类

国际机器人联合会按照用途对服务机器人进行分类，分为专业服务机器人和家用服务机器人两类。

1）专业服务机器人包括以下几类。

特殊用途机器人：下水道工作机器人、深海工作机器人、微型机器人、教育机器人、室内安保机器人、室外巡逻机器人、汽车/飞机清洗机器人、消防机器人、管路勘探机器人、导游机器人、公共场所清洁服务机器人等。

国防用途机器人：地雷探测机器人、无人驾驶机器人、太空探测机器人、反恐防暴机器人、小型侦察机器人等。

农业用途机器人：伐木机器人、摘果机器人、蔬果嫁接机器人等。

医疗用途机器人：机器人电动代步车、复健支援机器人、激光治疗机器人、外科手术辅助机器人、医用物流机器人等。

2）家用服务机器人是为人类服务的特种机器人，能够代替人完成家庭服务工作。它包括行进装置、感知装置、接收装置、发送装置、控制装置、执行装置、存储装置、交互装置等。感知装置将在家庭居住环境内感知到的信息传送给控制装置，控制装置指令执行装置做出响应，并进行防盗监测、安全检查、清洁卫生、物品搬运、家电控制，以及家庭娱乐、病况监视、儿童教育、报时催醒、家用统计等工作。家用服务机器人包括以下几类。

家庭用途机器人：扫地机器人、除草机器人、泳池清理机器人、窗户清理机器人、叠衣服机器人、做饭机器人等。

娱乐用途机器人：智能音箱、玩具机器人、教育训练机器人等。

2. 服务机器人共性技术

（1）移动平台技术

大量服务机器人通过自主移动机构实现在室内环境中的运动，尽管因其服务功能不同而需要在移动平台上配置不同的辅助机构，但自主移动机器人通常可以作为一大类家用服务机器人的基础平台。在这类平台上存在一些共性问题，如控制器、驱动器和传感器的标准化问题，机器人操作系统的实时性问题，机器人内部通信总线的鲁棒性问题，机器人的集成开发环境问题等。在集成上述关键技术问题的基础上，开发开放式和标准化的移动机器人硬件和软件平台，

学习笔记

可以为服务机器人提供直接有效的运动部件，适应不同服务内容的柔性需求。

（2）机械机构与驱动

服务机器人在不同的作业环境下工作，需要不同类型的移动机构和作业机构。机器人的执行机构和驱动机构将朝着微型化和一体化的方向发展。开发具有真正操作能力的机器人，必须解决服务机器人的移动机构和作业机构对环境和不同任务的适应性问题。

（3）智能感知技术

传感器是服务机器人的关键部件，是其对环境做出准确、及时反应的信息基础。在服务机器人中，根据需要开发和使用各种新型视觉系统和传感器件以及对多个传感器信息的处理和融合，是服务机器人获得更准确、完整的环境信息并提高系统智能决策水平的关键。提高现有传感信息处理的实时性和对环境变化的鲁棒性是技术关键。除了传统的超声波、红外、视觉等传感器，新型的触觉传感器、位姿传感器等智能传感器的开发，以及基于这些传感器模块的感知综合，也将是服务机器人感知技术未来的发展方向。

（4）人机交互技术

服务机器人既然以服务为目的，人们自然需要用更多、更方便、更自然的方式与机器人进行交互，这包括高层次的语音、情感交互，以及低层次的力觉和触觉交互等，而不再满足于只能操纵键盘和按钮的方式。

（5）定位与导航技术

机器人定位与导航技术即为机器人在工作环境中获取自身位置与姿态信息，并通过传感器系统、环境模型与算法等手段，实现路径规划、轨迹跟踪与环境感知等功能的技术。定位与导航技术是机器人自主化、智能化的重要基础，能够在较大程度上提高生产率、工作安全性和人机交互体验等。

（6）网络通信技术

网络通信技术与机器人技术的结合促进了机器人的发展，也提出了技术挑战。当前智能机器人系统发展还不成熟，通过网络实现操作者对机器人的计算机辅助遥感操作，是对智能机器人系统很好的补充。通过网络可以将机器人构成一个动态分布式系统，即分布式导航、定位、建模、协调控制等。

3. 人工智能在服务机器人上的应用

（1）人工智能技术

服务机器人涵盖机器视觉、智能语音、地图构建、自主导航等技术，这些技术都是人工智能的主要应用领域。服务机器人利用这些人工智能技术，能更好地完成人机之间的交互、数据通信和处理，所以服务机器人是人工智能技术的天然载体。

智能语音技术是最早落地的人工智能技术之一，也是市场上众多人工智能产品中应用最为广泛的技术之一。智能语音以语音识别技术为开端，是实现人机语言的通信，包括语音识别、语音合成和语义理解等技术。目前常用的语音识别技术方法主要有随机模型法、人工神经网络方法和概率语法分析法，其中最主流的方法是随机模型法，如动态时间规整（DTW）、隐马尔可夫模型（HMM）理论和矢量量化（VQ）技术等。

学习笔记

智能导航同样也是人工智能领域中一个重要的应用，它涉及计算机视觉、机器学习、路径规划和智能控制等多个技术领域。智能导航的目标是让机器人能够自主地在未知环境中进行导航，以实现自主行驶、自主探索等功能。

智能导航的核心概念包括以下几个方面。

1）计算机视觉：计算机视觉是智能导航的基础技术，它涉及图像处理、特征提取、目标识别等多个方面。计算机视觉可以帮助机器人理解环境、定位自身位置、识别障碍物等。

2）机器学习：机器学习是智能导航的核心技术，它可以帮助机器人或无人驾驶汽车学习环境规律、预测未来状态、优化导航策略等。机器学习可以通过训练数据集来学习，从而实现自主学习和决策。

3）路径规划：路径规划是智能导航的关键技术，它涉及寻找最佳路径的问题。路径规划可以通过算法来求解，如 A* 算法、Dijkstra 算法等。路径规划的目标是找到最短路径、最安全路径等。

4）智能控制：智能控制是智能导航的关键技术，它涉及机器人的运动控制。智能控制可以通过 PID 控制、模糊控制等方法来实现，以确保机器人能够按照规划的路径进行运动。

（2）人工智能开放平台

人工智能开放平台是集成了 AI 算法、算力与开发工具的平台。通过接口调用的形式，企业和个人可以高效使用平台中的 AI 能力完成 AI 产品开发或 AI 赋能。

百度 AI 开放平台是提供了语音、图像、自然语言处理（NLP）等多项人工智能技术的在线平台，是一个开放对话式人工智能系统。在它的“开放能力”中可以看到多项技术能力，比如图像技术、文字识别、语音技术、视频技术等，如图 1-1 所示。

图 1-1 百度 AI 开放平台

腾讯 AI 开放平台拥有强大的技术支持和丰富的资源。在该平台中，可以使用各种人工智能技术，如自然语言处理、图像识别、语音识别等，这些技术可以帮助我们开发出更加智能化的应用程序。此外，腾讯 AI 开放平台还提供了一系列工具和解决方案，如智能客服、智能推荐、智能营销等，这些工具和解决方案可以帮助我们提高工作效率、降低成本、提升服务质量。

讯飞开放平台作为全球首个开放的智能交互技术服务平台，致力于为开发者打造一站式智能人机交互解决方案。该平台以“云+端”的形式向开发者提供语音合成、语音识别、语义理解、人脸识别、个性化彩铃、移动应用分析等多项服务。用户可通过互联网、移动互联网，使用任何设备，在任何时间、任何地点，享受讯飞开放平台提供的听、说、读、写全方位的人工智能服务。

讯飞开放平台也是本书需要用到的主要平台，如图 1-2 所示。

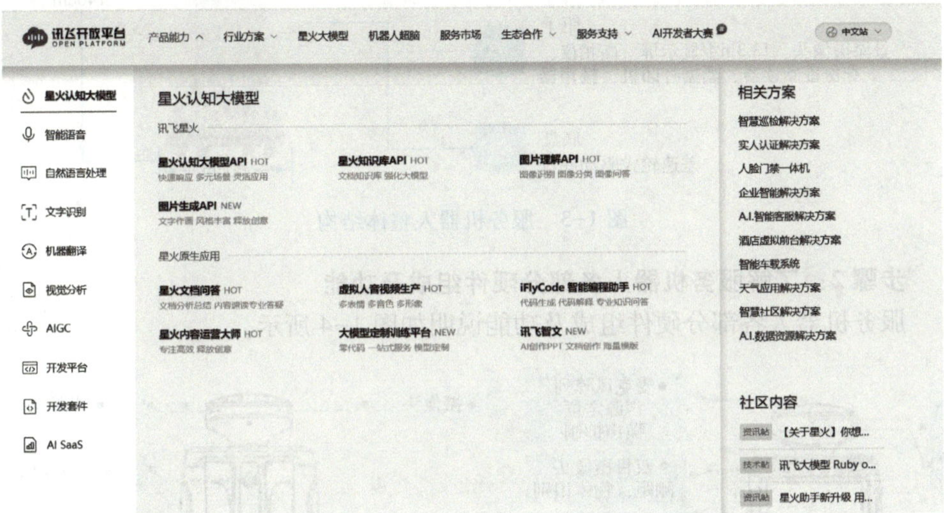

图 1-2 讯飞开放平台

任务 1.1 服务机器人硬件结构介绍

任务目标

本任务主要使学生了解服务机器人的基本硬件构成及相关功能，并能够准确、安全地进行开机、关机、充电、连接外部设备等操作。具体任务目标如下：

1. 了解服务机器人的基本硬件构成。
2. 掌握服务机器人各组成部分的功能。
3. 掌握服务机器人的基本操作流程。

任务分析

本任务使用的是科大讯飞的“小途”机器人。“小途”机器人是一款服务机器人，能够独立、高效地为用户提供诸如业务咨询、智能引导、接待讲解、宣传等多种功能。服务机器人的使用首先需要了解机器人的结构和功能系统组成，以及实现功能所用到的各种硬件设备等。

任务实施

步骤 1：了解服务机器人的整体结构

服务机器人包含头部、颈部、躯干和底盘 4 个组成部分，整体结构如图 1-3 所示。

学习笔记

1-1 服务机器人硬件介绍

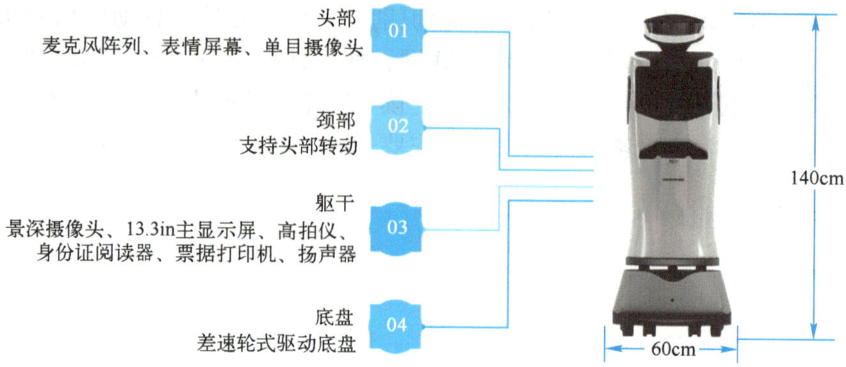

图 1-3 服务机器人整体结构

步骤 2：了解服务机器人各部分硬件组成及功能

服务机器人各部分硬件组成及功能说明如图 1-4 所示。

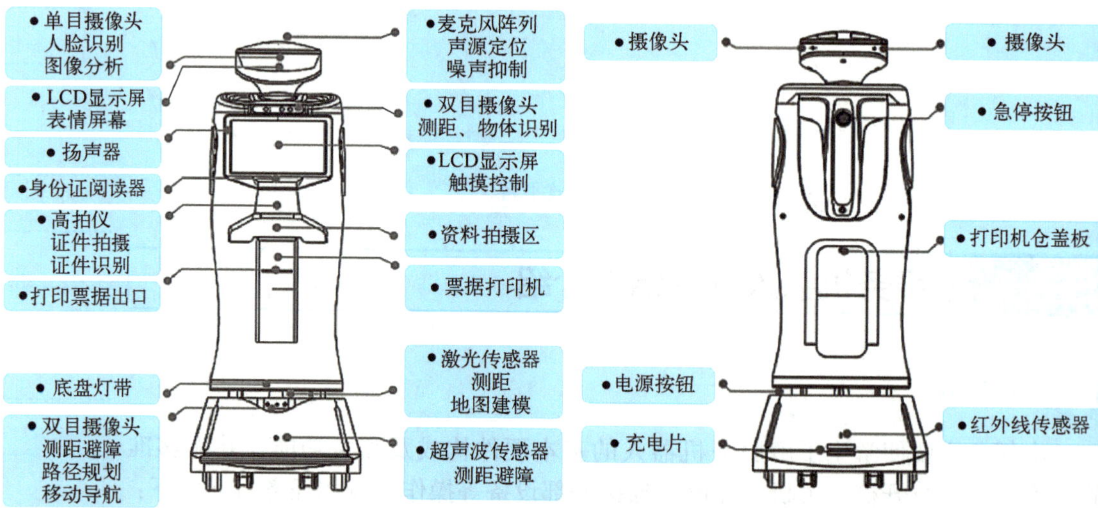

图 1-4 服务机器人各部分硬件组成及功能说明

步骤 3：了解服务机器人的主要能力和常见应用场景下的功能流程

1. 服务机器人的主要能力

服务机器人的主要能力有交互、身份识别、文件扫描、移动和打印等，如图 1-5 所示。

2. 常见应用场景下的功能流程

1）业务咨询功能流程可归纳为窗口服务咨询、服务事项咨询和咨询要素问答等，如图 1-6 所示。

2）智能预约功能流程可归纳为取号、已注册人脸预约和未注册人脸预约等，保证预约达成，如图 1-7 所示。

3）智能引导功能流程可归纳为确定服务需求、推荐窗口办理、引导至咨询台，如图 1-8 所示。

学习笔记

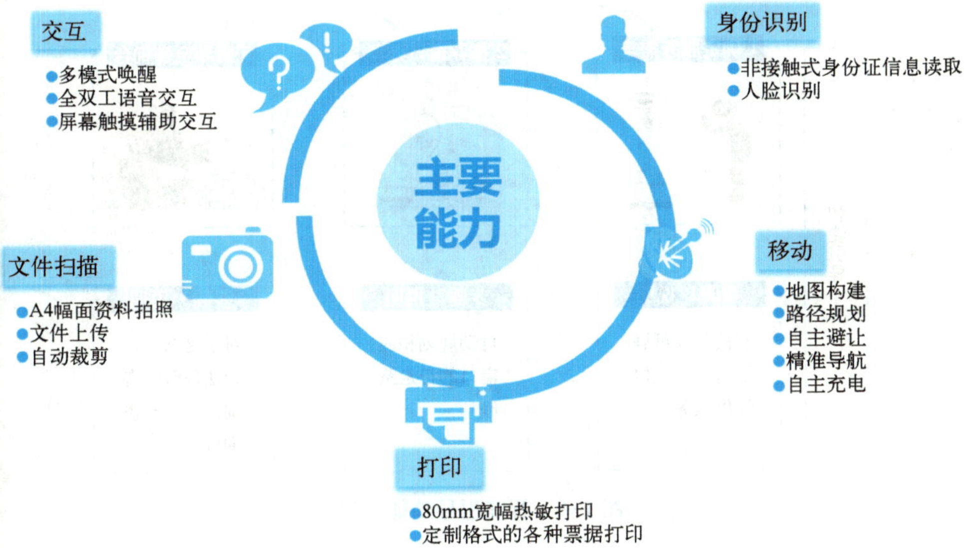

图 1-5　服务机器人的主要能力

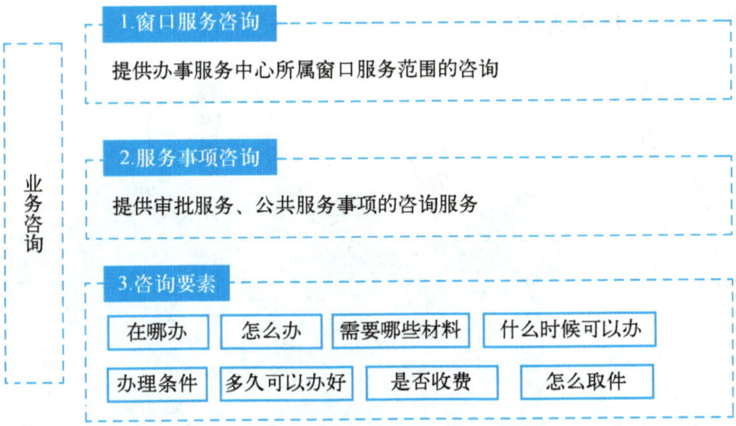

图 1-6　业务咨询功能流程

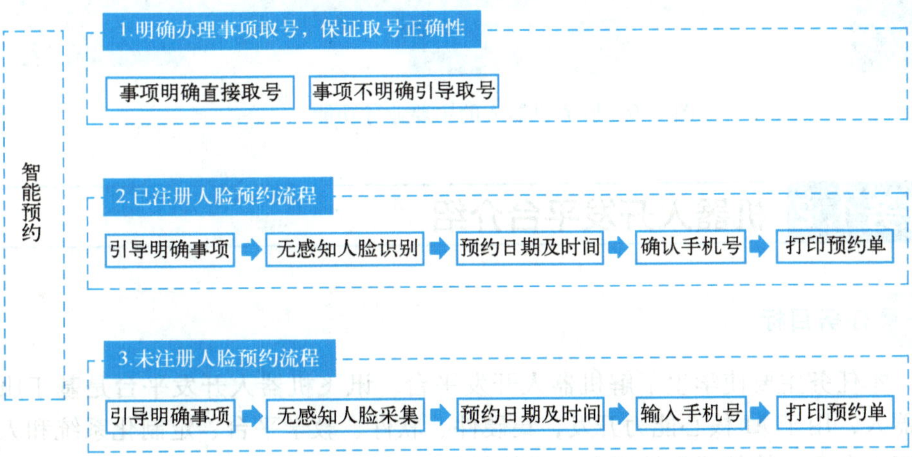

图 1-7　智能预约功能流程

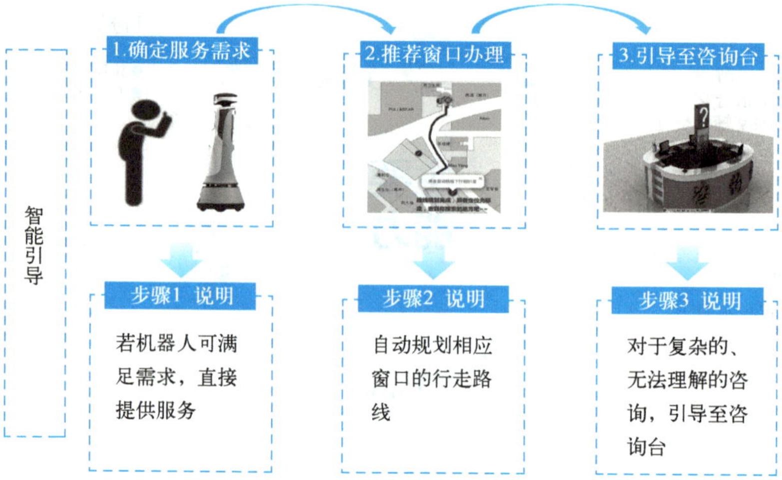

图 1-8 智能引导功能流程

步骤 4：了解服务机器人主要业务功能

讯飞“小途”服务机器人的主要业务功能可归纳为交互、引导、办事、咨询和娱乐等，如图 1-9 所示。

图 1-9 服务机器人的主要业务功能

任务 1.2 机器人开发平台介绍

1-2 机器人开发平台介绍

任务目标

本任务主要使学生了解机器人开发平台。讯飞机器人开发平台是基于服务机器人，用于 AI 核心能力开发，集硬件、软件、教学平台、定制化系统和人机交互平台于一体的开放性平台。具体任务目标如下：

1. 掌握机器人开发实验箱的结构、硬件组成及功能。

2. 掌握 AIUI 平台注册、登录、配置等。
3. 了解机器人开发平台相关依赖能力库。

学习笔记

任务分析

服务机器人可基于机器人开发平台进行核心能力开发。如图 1-10 所示，机器人开发平台包括：

图 1-10　机器人开发平台组成

1）开发板：主控一、主控二、电源板。
2）教学平台：封装的能力包、详细的开发文档、示例程序。
3）定制化系统：系统硬件固件、系统固件、APP。
4）人机交互平台（AIUI）：全双工交互、语义技能定制等一系列实验开发套装。

任务实施

步骤 1：了解机器人开发实验箱各硬件组成及功能

机器人开发实验箱是模拟机器人控制，便于教学及实训开展的实训模块。如图 1-11 所示，实验箱上集成了主控一（模拟机器人头部）、主控二（模拟机器人躯干）开发板和电源板，并集成了系统硬件固件和相关系统固件。

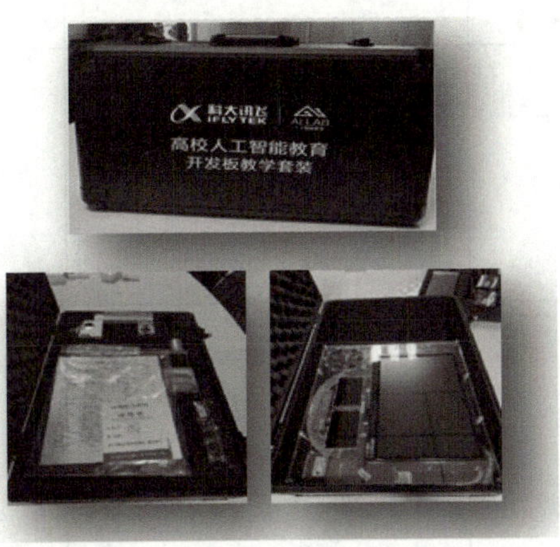

图 1-11　机器人开发实验箱

学习笔记

请同学们对应机器人本体，将实验箱各硬件组成的名称及功能记录到表 1-1 中。

表 1-1 实验箱各硬件组成的名称及功能

组成部分	名称	功能
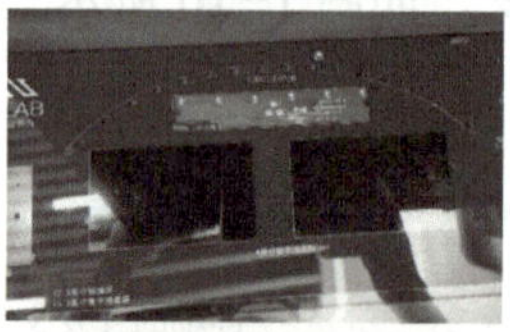		

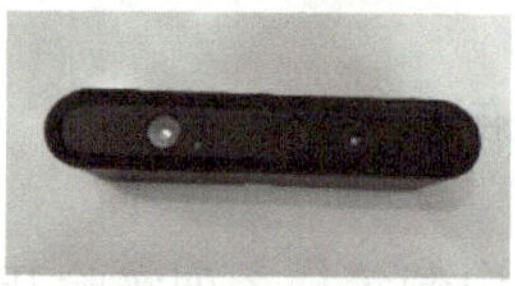		

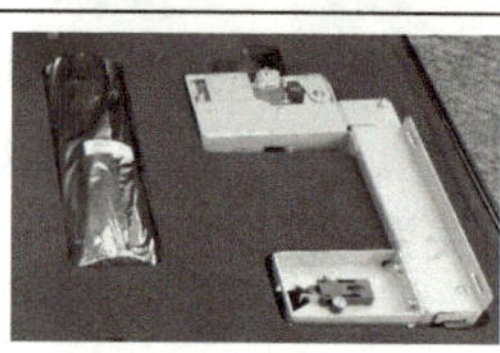		
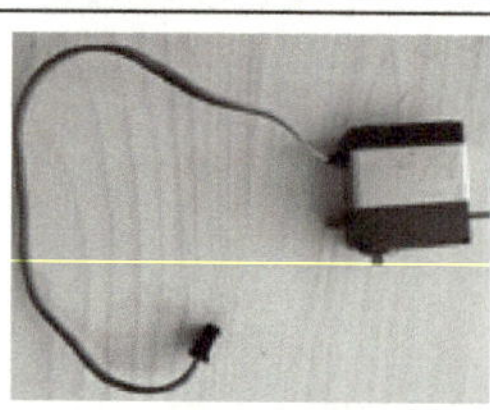		

学习笔记

步骤 2：使用 AIUI 平台

AIUI 是科大讯飞提供的一套人机智能交互解决方案，旨在实现人机交互无障碍，使人与机器之间可以通过语音、图像、手势等自然交互方式，进行持续、双向、自然的沟通。现阶段 AIUI 提供以语音交互为核心的交互解决方案，全链路聚合了语音识别、语义理解、内容（信源）平台、语音合成等模块，可以应用于智能手机（终端）、机器人、音箱、车载、智能家居、智能客服等领域，让产品不仅能听会说，而且能理解、会思考。AIUI 开放平台主要包含了语义技能（Skill）、问答库（Q&A）编辑以及 AIUI 应用（硬件）云端配置的能力，并为不同形态的产品提供了不同的接入方式。接入了 AIUI 的应用和设备可以轻松实现查询天气、播放音视频资源、设置闹钟以及控制智能家居等功能。

（1）注册账号

首先，我们要在讯飞开放平台进行账号注册。

平台地址：https://www.xfyun.cn/。单击讯飞开放平台界面右上角的“注册”按钮，在注册界面根据提示信息填写基本资料即可，如图 1-12 所示。

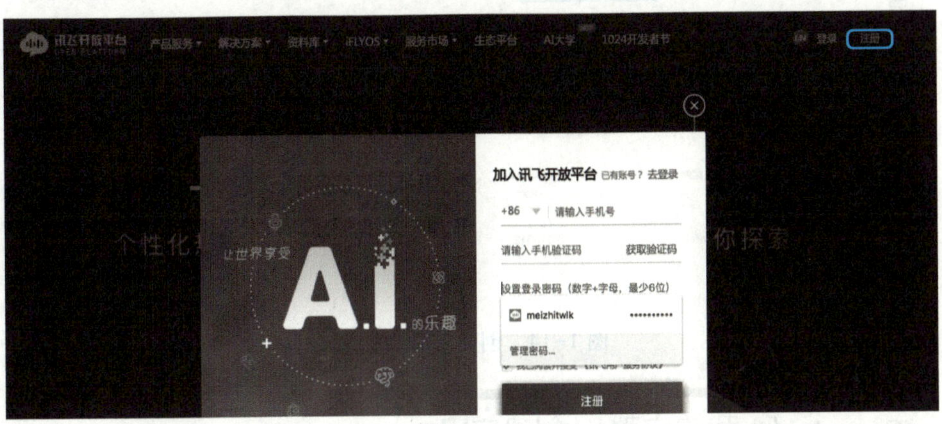

图 1-12　讯飞开放平台账号注册

（2）创建应用

完成注册后，登录讯飞开放平台，进入控制台。登录平台后，有两种方式可以创建应用。

1）单击“控制台”→“创建应用”，根据提示信息，完成应用的创建，如图 1-13 所示。

2）单击“产品服务”，进入某个服务界面，如“语音基础能力”，选择左侧的“使用服务”，在弹出的窗口中单击“创建新应用”，根据提示信息，完成应用的创建，如图 1-14 和图 1-15 所示。

完成相关应用信息的输入后，单击“提交”按钮。

3）此时，进入“我的应用”界面，可以看到添加的应用信息，包括 APPID 等，单击“其他”，在弹出的界面中选择“人脸验证与检索”的管理服务，可以选择对应的服务完成 SDK 的下载，如图 1-16～图 1-18 所示。

学习笔记

图 1-13　进入控制台界面

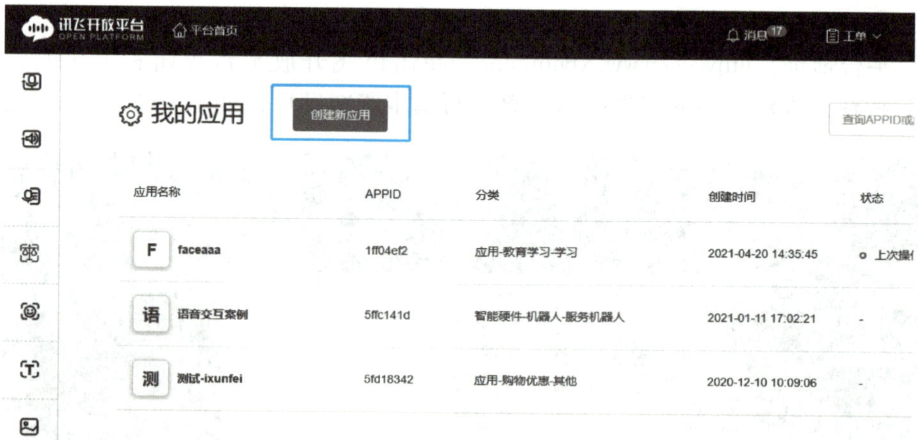

图 1-14　创建新应用界面

图 1-15　创建应用基本信息界面

学习笔记

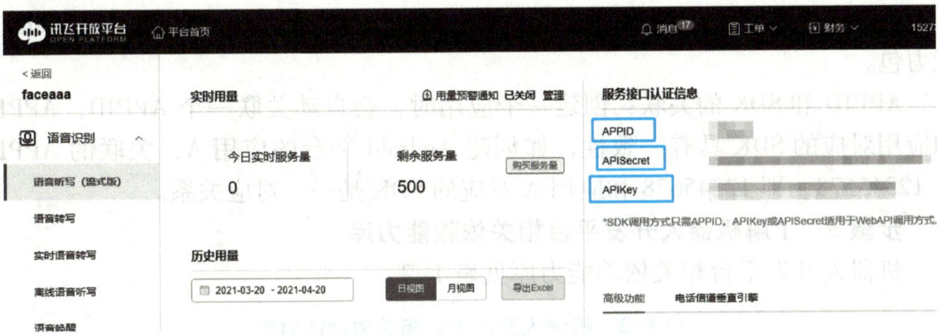

图 1-16　应用信息与服务界面

图 1-17　服务管理界面

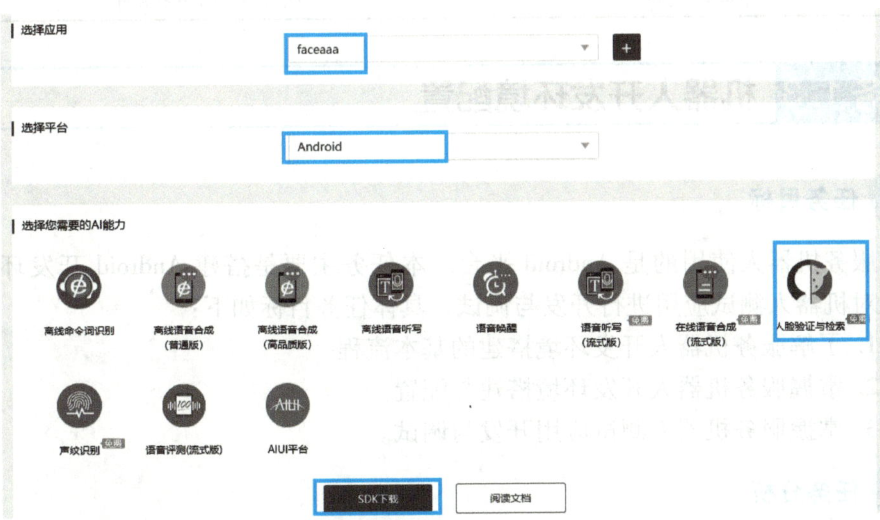

图 1-18　SDK 下载界面

学习笔记

4）单击图 1-18 中的“SDK 下载”按钮，下载开放平台的人脸识别（MSC）能力包。

APPID 和 SDK 的关联：创建一个应用时，会自动关联一个 APPID，APPID 和应用对应的 SDK 具有一致性，如创建 Android 平台的应用 A，关联的 APPID 是 12345678，即 12345678 和应用 A 对应的 SDK 是一一对应关系。

步骤 3：了解机器人开发平台相关依赖能力库

机器人开发平台相关依赖能力库见表 1-2。

表 1-2 机器人开发平台相关依赖能力库

能力库名称	能力库介绍
starrobot-ttsability-1. 0. 0. aar	语音合成依赖库
starrobot-mscability-1. 0. 0. aar	MSC 能力库
starrobot-commonAbility-1. 0. 0. aar	机器人能力库
starrobot-logability-1. 0. 0. aar	机器人能力 log 库
starrobot-aiuiability-1. 0. 0. aar	AIUI 能力库
Msc. jar	MSC 基础依赖库
hydra-framework-2. 1. 0. aar	hydra 混合框架基础库
croods-mserver-1. 3. 6. 6. aar	hydra 混合框架服务库
croods-cmpt-utils-1. 3. 6. 6. aar	hydra 混合框架工具库
ocrability-release. aar	OCR 识别库
cropability-release. aar	图片裁切工具库
FaceEngineJni V1 3. jar	人脸离线识别引擎
jnilibs	. so 库
cfg	AIUI 配置文件，以及本地的资源配置文件
ivw	语音合成依赖的文件
vad	音频监测工具文件
platform. jks	项目编译的签名文件

任务 1. 3 机器人开发环境配置

任务目标

服务机器人使用的是 Android 平台。本任务主要是搭建 Android 开发环境，以及对机器人测试应用进行开发与调试，具体任务目标如下：

1. 了解服务机器人开发环境搭建的基本流程。
2. 掌握服务机器人开发环境搭建与配置。
3. 掌握服务机器人测试应用开发与调试。

任务分析

机器人使用的是 Android 平台，所有机器人的智能应用都是基于 Android 环

学习笔记

境运行，因此机器人应用开发跟普通的 Android 应用开发很类似。在进行机器人智能应用开发之前，需要先在开发计算机上搭建 Android 的开发环境，包括运行的 JDK 的安装及配置、开发工具的安装及配置等。

任务实施流程如图 1-19 所示。

图 1-19　任务实施流程

1）前期准备：一台 Windows 系统的计算机，确保计算机联网，机器人开发实验箱通过 USB 与计算机连接。

2）环境搭建：下载 JDK 和 Android Studio 安装包，并在计算机上安装。

3）环境配置：配置 JDK 的环境变量，设置 Android Studio 软件的相关参数。

4）调试连接：调试机器人开发实验箱与计算机的连接状态，确保 Android Studio 软件能够连接上机器人开发实验箱设备。

5）应用创建：创建测试应用，并进行相关程序开发。

6）编译运行：将测试应用编译到机器人开发实验箱上运行，确保应用能够根据流程正常运行。

7）实验结束：将应用开发程序保存到计算机中合适位置，计算机与机器人开发实验箱断开 USB 连接，将机器人开发实验箱装箱。

任务实施

步骤 1：下载与安装 JDK

JDK 的官方下载地址：https://www.oracle.com/java/technologies/downloads/#java8-windows。打开页面后会看到如图 1-20 所示界面。

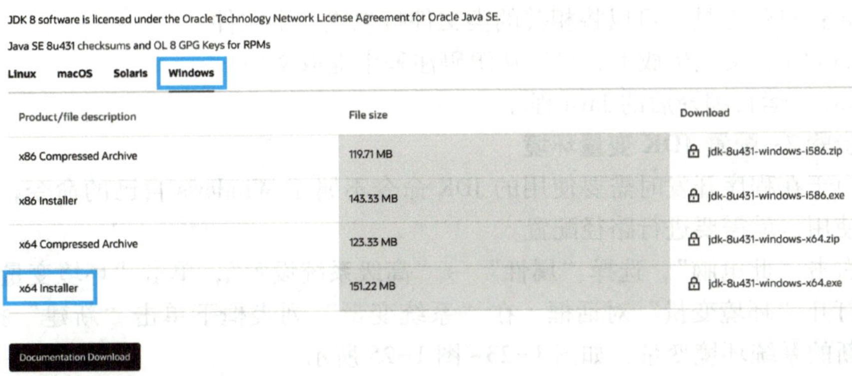

图 1-20　JDK 下载界面

需要根据自己的计算机系统，选择相应的安装包版本。下载之前需要先单击界面上的"Accept License Agreement"选项，JDK 下载完成后双击进行安装。JDK 的安装过程比较简单，在安装界面单击"下一步"按钮即可。在安装时只

学习笔记

需要注意将 JDK 和 JRE 安装到同一个目录，JDK 默认安装成功后，会在系统目录下出现两个文件夹，一个代表 JDK，一个代表 JRE，如图 1-21 所示。

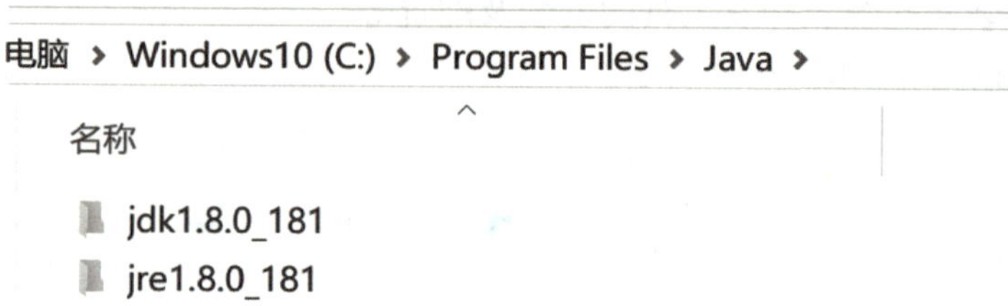

图 1-21　JDK 文件

JDK 的全称是 Java SE Development Kit，即 Java 开发工具箱。SE 表示标准版。JDK 是 Java 的核心，包含了 Java 的运行环境（Java Runtime Environment）、Java 工具和开发应用程序时调用的 Java 类库。

打开 JDK 的安装目录下的 bin 文件夹，可以看到里面有许多扩展名为 exe 的可执行程序，如图 1-22 所示。这些都是 JDK 包含的工具，通过配置 JDK 的变量环境，可以方便地调用这些工具及它们的命令。

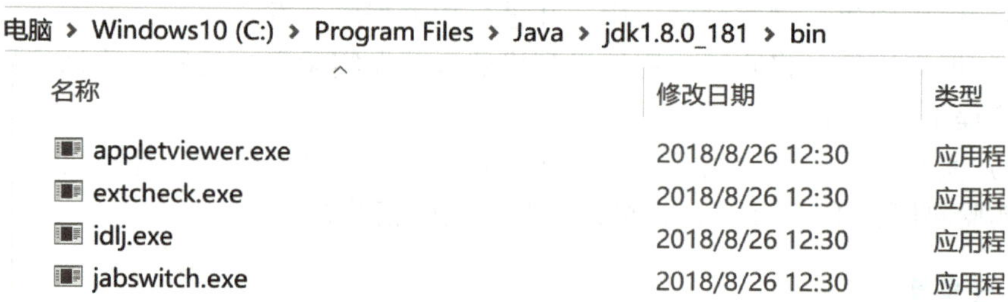

图 1-22　JDK 安装目录下的 bin 文件

JDK 包含的基本工具主要有：

javac：Java 编译器，可以将源代码转成字节码。

jar：打包工具，可以将相关的类文件打包成一个文件。

javadoc：文档生成器，可以从源码注释中提取文档。

java：运行编译后的 Java 程序。

步骤 2：配置 JDK 变量环境

由于在程序开发时需要使用的 JDK 命令不属于 Windows 自己的命令，所以要想使用，就需要进行路径配置。

右击“此电脑”，选择“属性”→“高级系统设置”，单击“环境变量”按钮，打开“环境变量”对话框。在“系统变量”列表框下单击“新建”按钮，创建新的系统环境变量，如图 1-23～图 1-25 所示。

需要创建的系统环境变量及相关流程如下：

1）新建→变量名“JAVA_HOME”，变量值“C:\Program Files\Java\jdk1.8.0_181”（即 JDK 的安装路径）。

2）编辑→变量名“Path”，在原变量值的最后面加“;%JAVA_HOME%\bin;%JAVA_HOME%\jre\bin”。

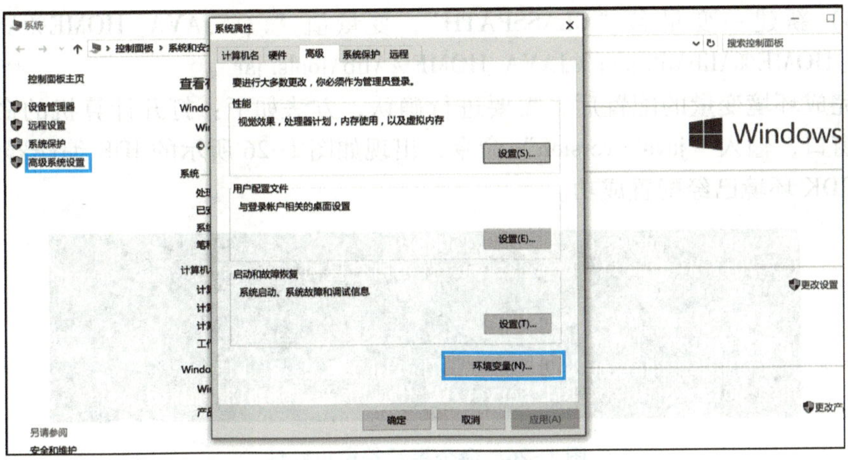

图 1-23　系统属性设置界面

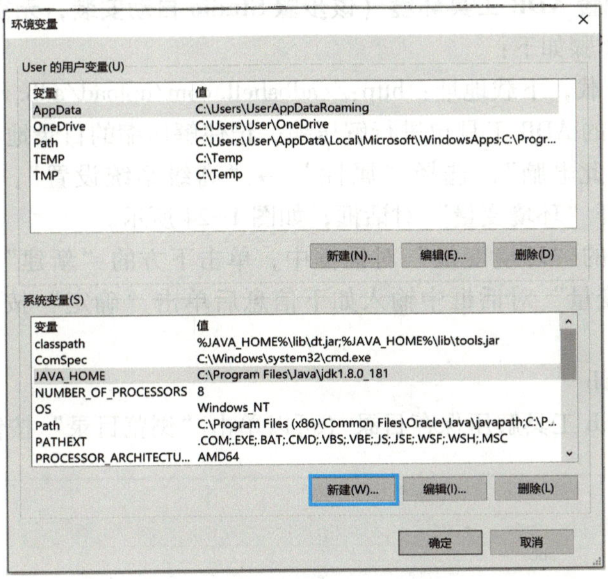

图 1-24　环境变量设置界面

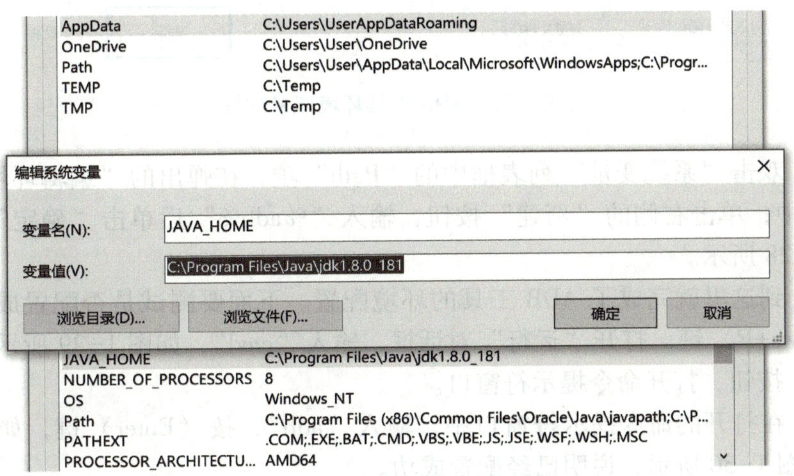

图 1-25　编辑系统变量

学习笔记

学习笔记

3）新建→变量名“CLASSPATH”，变量值“.;%JAVA_HOME%\lib;%JAVA_HOME%\lib\dt.jar;%JAVA_HOME%\lib\tools.jar”。

完成环境变量的配置后，需要进行确认，方法如下：打开计算机的命令提示符窗口，输入“java -version”命令，出现如图 1-26 所示的 JDK 编译器信息，说明 JDK 环境已经配置成功。

图 1-26　命令提示符窗口验证

步骤 3：配置 ADB 工具环境（该步骤 Studio 自动安装，无须操作）

具体流程步骤如下：

1）ADB 下载，下载地址：http://adbshell.com/upload/adb.zip。

2）将下载的 ADB 工具包进行解压缩，记住解压缩的目录地址。

3）右击“此电脑”，选择“属性”→“高级系统设置”，单击“环境变量”按钮，打开“环境变量”对话框，如图 1-24 所示。

4）在打开的“环境变量”对话框中，单击下方的“新建”按钮，在弹出的“新建系统变量”对话框中输入如下信息后单击“确定”按钮，如图 1-27 所示。

变量名：adb

变量值：adb 工具解压保存目录（可以单击“浏览目录”按钮进行选择）

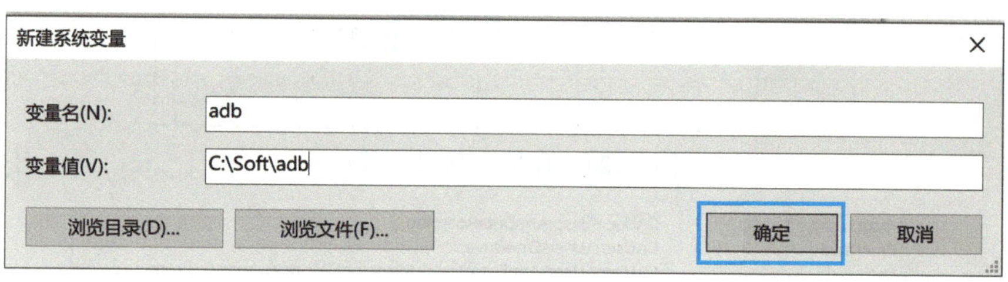

图 1-27　ADB 工具环境变量配置

5）双击“系统变量”列表框中的“Path”项，在弹出的“编辑环境变量”对话框中，单击右侧的“新建”按钮，输入“%adb%”后单击“确定”按钮，如图 1-28 所示。

6）到这里就完成了 ADB 工具的环境配置。下面要测试是否配置成功，按〈Windows+R〉键，打开“运行”对话框，输入“cmd”，如图 1-29 所示。单击“确定”按钮，打开命令提示符窗口。

7）在打开的命令提示符窗口中，输入“adb”，按〈Enter〉键，如果界面显示如图 1-30 所示，说明已经配置成功。

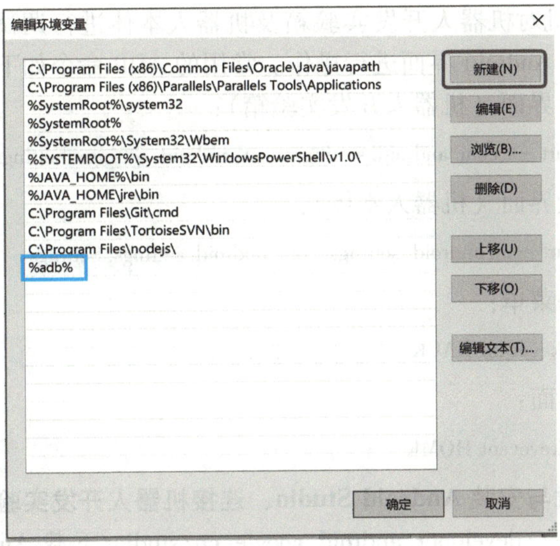

图 1-28　编辑环境变量

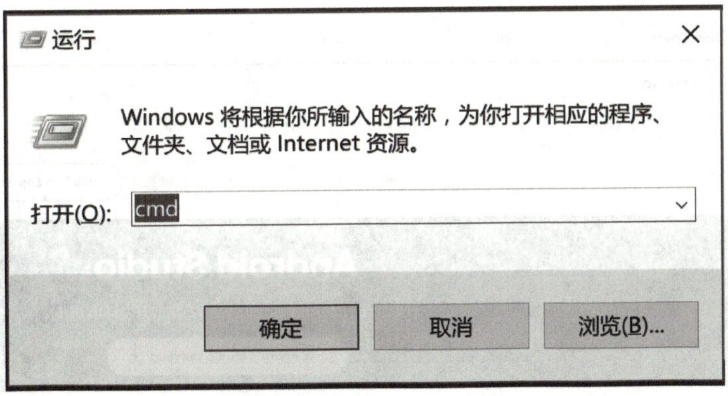

图 1-29　“运行”对话框

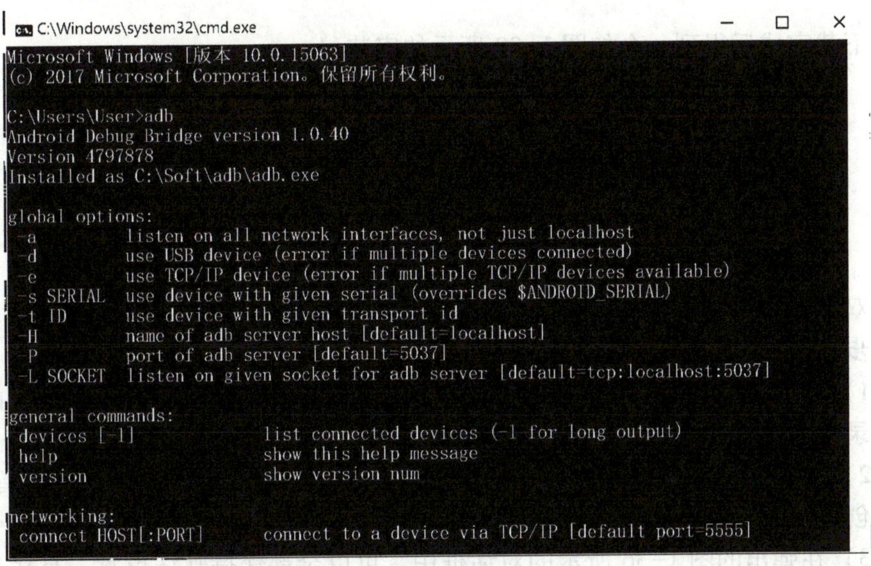

图 1-30　命令提示符窗口验证

学习笔记

学习笔记

在通过计算机对机器人开发实验箱及机器人本体进行调试时，时常需要用到 ADB 工具来对 Android 界面进行操作。常用的 ADB 命令如下：

1）进入设置界面（机器人开发实验箱）：

```
adb shell am start -n com.android.settings/com.android.settings.Settings
```

2）进入设置界面（机器人本体）：

```
adb shell am start com.android.settings/com.android.settings.Settings
```

3）返回上一菜单：

```
adb shell input keyevent BACK
```

4）返回主界面：

```
adb shell input keyevent HOME
```

步骤 4：下载与安装 Android Studio、连接机器人开发实验箱

从地址 https://developer.android.google.cn/studio/下载 Android Studio 安装包，如图 1-31 所示。

图 1-31　Android Studio 下载网站

下载完成后得到一个如图 1-32 所示的安装包。

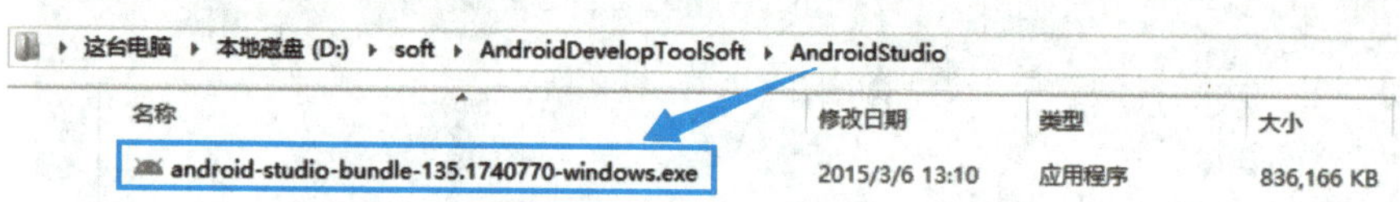

图 1-32　安装包

双击安装包启动安装程序，Android Studio 安装过程如图 1-33 所示。

步骤 5：运行 Android Studio

1）启动 Android Studio。第一次启动 Android Studio 时，需要设置 SDK 的安装目录，因此会弹出如图 1-34 所示的对话框，选择在安装时设置的 SDK 目录。

2）打开 Android Studio 之后，系统默认会按步骤创建一个 APP 项目。首先，选择创建新的项目，单击如图 1-35 所示选项。

3）在弹出的图 1-36 所示的对话框中，可以全部保持默认设置，直接单击下方的“Next”按钮。

学习笔记

图 1-33　Android Studio 安装过程

学习笔记

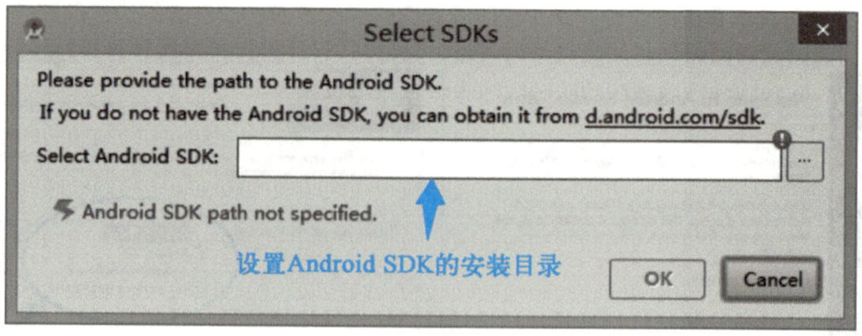

图 1-34　安装时设置 SDK 目录

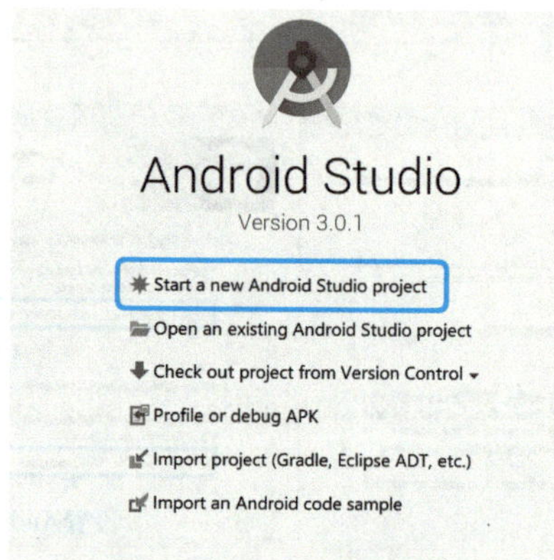

图 1-35　Android Studio 新建项目

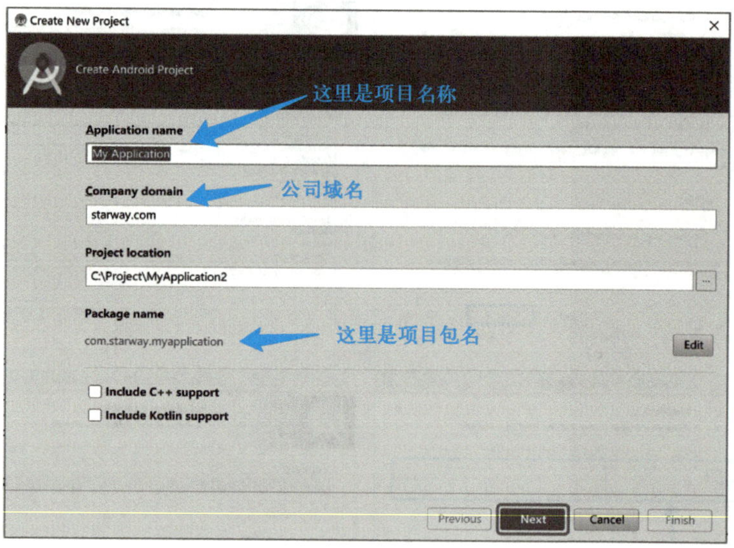

图 1-36　Android Studio 新建项目信息

4）进入选择目标设备和 SDK 的界面，按照默认设置，单击“Next”按钮进入下一步，如图 1-37 所示。

5）保持默认设置，单击“Next”按钮直到显示“Finish”按钮的界面，单击“Finish”按钮，完成整个应用创建步骤，如图 1-38 所示。

学习笔记

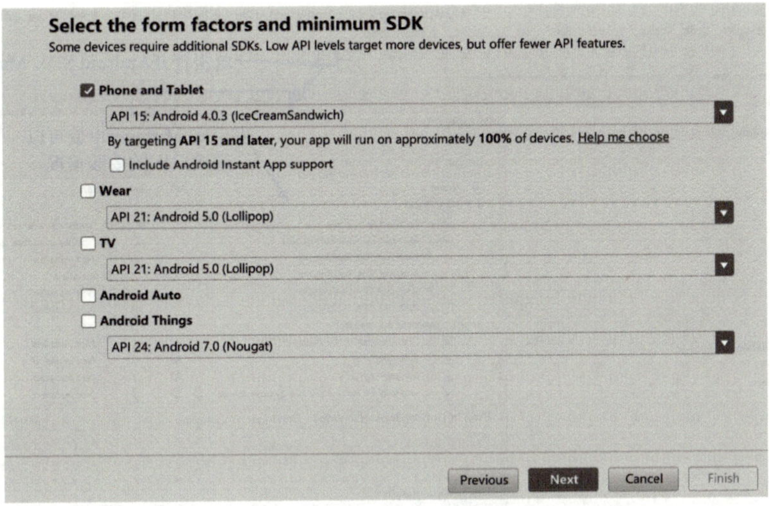

图 1-37　选择目标设备和 SDK 的界面

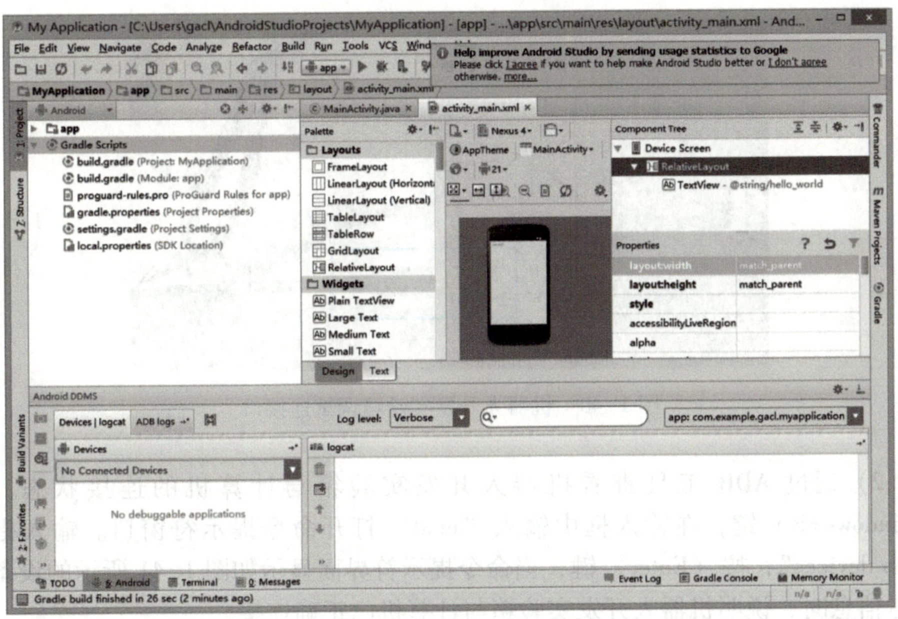

图 1-38　Android Studio 应用界面

6）在 APP 工程界面中，查看已经安装好的 Android SDK，打开 Android SDK 管理窗口，如图 1-39 所示。

图 1-39 所示界面中可以看到已经安装的 Android SDK 版本及相关工具的信息，同时也可以下载新的 Android SDK。确认 Android SDK 后，即可连接机器人开发实验箱运行该项目。

步骤 6：连接机器人开发实验箱

1）使用 USB 连接线将计算机与机器人开发实验箱的主控 1 调试口相连接，如图 1-40 所示。

学习笔记

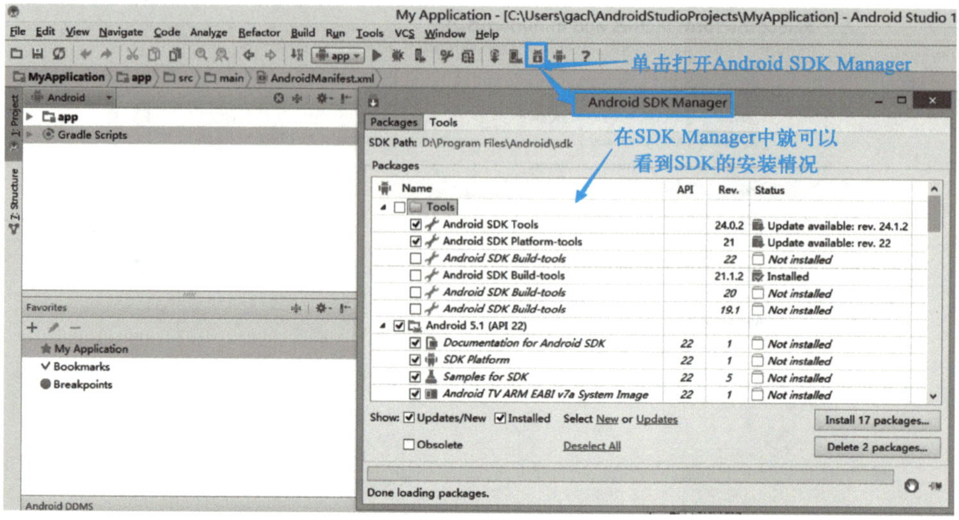

图 1-39　Android SDK 管理窗口

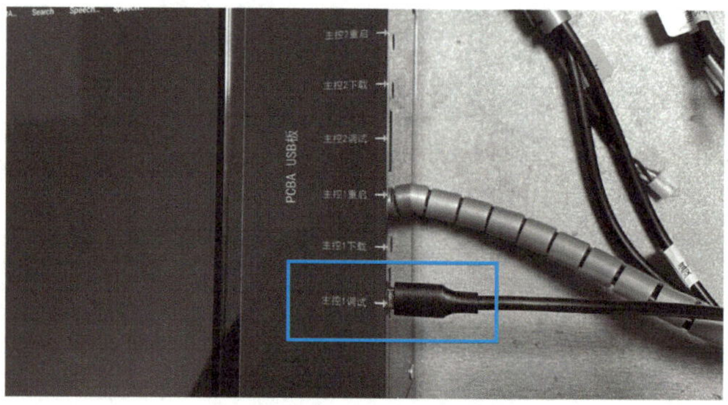

图 1-40　机器人开发实验箱调试连接口

2）通过 ADB 工具查看机器人开发实验箱与计算机的连接状态。按〈Windows+R〉键，在输入框中输入“cmd”打开命令提示符窗口。输入指令“adb devices”，按〈Enter〉键，当命令提示符界面显示如图 1-41 所示的设备序列号信息时，说明机器人开发实验箱与计算机已正确连接。

图 1-41　命令提示符界面显示连接设备信息

3）在 Android Studio 的界面上，单击按钮查看设备的连接信息，如图 1-42 所示。

学习笔记

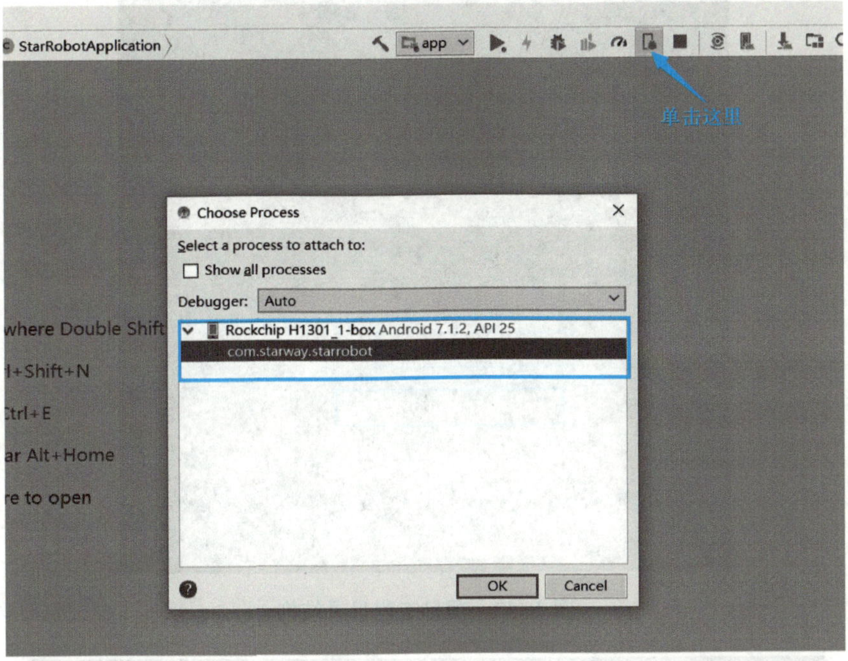

图 1-42 Android Studio 平台连接信息

4）单击编译运行按钮▶，当程序完成编译后会自动下载到机器人开发实验箱中运行。

到这里，已完成了机器人功能开发前的准备工作，可以进入实际应用开发环节。

步骤 7：导入机器人能力包

完成 Android 项目工程创建后，开始导入机器人开发的能力包。需要导入应用必需的机器人基础能力包和需要依赖的日志辅助包，以及 AIUI 能力包，主要流程如下：

1）将机器人基础能力包 commonAbility-release. aar 文件、日志辅助包 starrobot-logability. aar 文件以及 AIUI 能力包 aiuilibrary-release. aar 文件复制到项目工程的"/app/libs"文件夹中。

2）在"/app/src/main"文件夹中创建 assets 文件夹，在 assets 文件夹中创建 cfg 和 vad 两个文件夹。

3）将 AIUI 的配置文件 aiui. cfg 复制到 cfg 文件夹中，将 AIUI 的 meta_vad_16k. jet 复制到 vad 文件夹中。

完成以上三个步骤后，项目工程目录结构如图 1-43 所示。

步骤 8：配置能力包权限

完成能力包导入后，需要对工程中能力包依赖关系及权限配置等信息进行配置，主要流程如下：

1）在 build. gradle 文件中添加能力包的依赖，如图 1-44 所示。

学习笔记

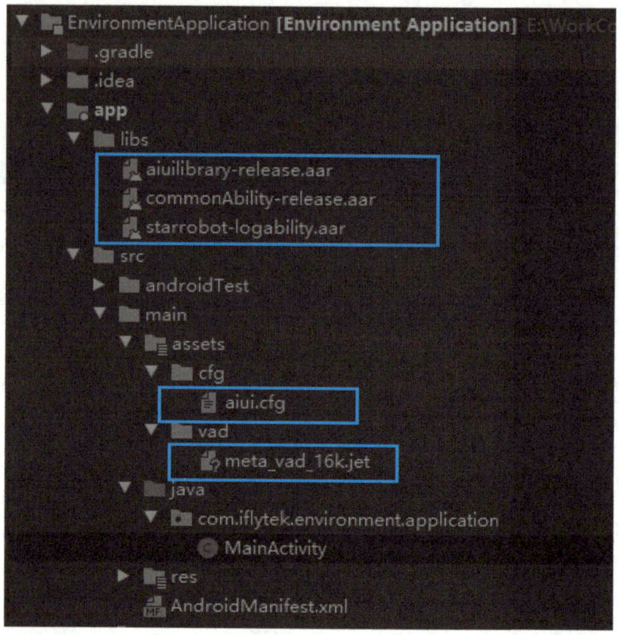

图 1-43　项目工程目录结构

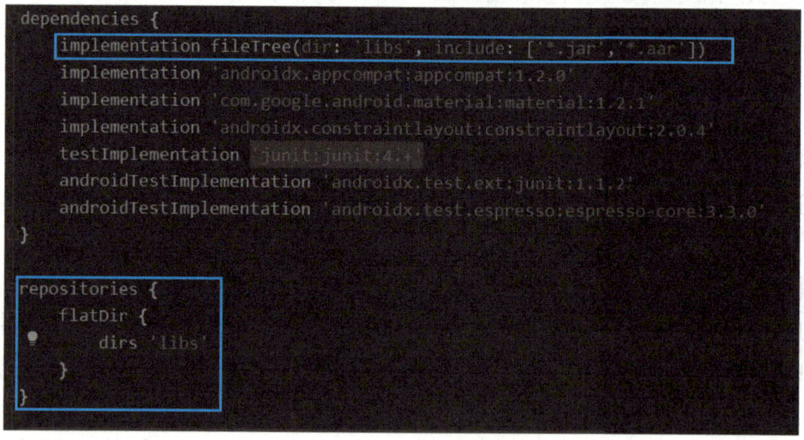

图 1-44　添加能力包依赖代码

具体代码如下：

```
//代码库地址
repositories{
    flatDir{
        dirs 'libs'
    }
}
//编译依赖 lib 下的 jar 和 aar
implementation fileTree(dir: 'libs', include: ['*.jar','*.aar'])
```

2）在 AndroidManifest.xml 文件中添加应用权限设置，如图 1-45 所示。

学习笔记

```
<!--六麦唤醒-->
<uses-permission android:name="com.android.permission.IFLYTEK_MIC_WAKEUP" />
<!-- 读取内存卡权限 -->
<uses-permission android:name="android.permission.READ_EXTERNAL_STORAGE"/>
<!-- 连接网络权限 -->
<uses-permission android:name="android.permission.INTERNET"/>
<!-- 允许程序录制音频 -->
<uses-permission android:name="android.permission.RECORD_AUDIO"/>
<!-- 允许程序访问有关的网络信息 -->
<uses-permission android:name="android.permission.ACCESS_NETWORK_STATE"/>
<!-- 允许程序改变网络连接状态 -->
<uses-permission android:name="android.permission.CHANGE_NETWORK_STATE"/>
<!-- 允许程序访问Wi-Fi网络状态信息 -->
<uses-permission android:name="android.permission.ACCESS_WIFI_STATE"/>
<uses-permission android:name="android.permission.CHANGE_WIFI_STATE"/>
<!-- 允许应用写（非读）用户的外部存储器 -->
<uses-permission android:name="android.permission.WRITE_EXTERNAL_STORAGE"/>
<!-- 允许程序读取所有者数据 -->
<uses-permission android:name="android.permission.READ_OWNER_DATA"/>
<!-- 允许一个程序写入但不读取所有者数据 -->
<uses-permission android:name="android.permission.WRITE_OWNER_DATA"/>
```

图 1-45　应用权限设置

步骤 9：运行能力包集成项目工程

1）在项目工程的 MainActivity 类文件中添加机器人能力初始化方法 initRobotAbility，并在初始化的 onCreate 方法中添加调用，具体代码如下：

```
public class MainActivity extends AppCompatActivity implements ActivityCompat. OnRequest-
  PermissionsResultCallback {
    private String[ ] mPermissions = {Manifest. permission. RECORD_AUDIO, Manifest.
      permission. WRITE_EXTERNAL_STORAGE} ;
    @Override
    protected void onCreate(Bundle savedInstanceState) {
        super. onCreate(savedInstanceState) ;
        setContentView(R. layout. activity_main) ;
        if (!requestPremission(mPermissions)) {
            init( ) ;
        }
    }
    /* *
     * 初始化机器人基础能力
     */
    private void initRobotAbility( ) {
        //日志初始化
        StarLogAbility. getInstance( ). initAbility(this) ;
        StarCommonAbility. getInstance( ). initAbility(this. getApplicationContext( ),
          RobotType. TYPE_TEACHING, new StarCommonAbility. onResultCallback( ) {
            @Override
            public void onResult(boolean isSuccess, String hard_code) {
                if (isSuccess) {
                    //硬件和业务状态初始化
```

学习笔记

```
                //这里根据不同的标识返回不同硬件的初始化成功状态
                switch (hard_code) {
                    case "emoji": //表情硬件初始化成功
                        //设置基础表情
                        EmojiHelper.doEmojiBase();
                        //延迟展示 Love 表情
                        showEmojiEffectDelay();
                        break;
                    default:
                        break;
                }
            }
        }
    });
  }
}
```

注意，能力初始化方法中的 RobotType 参数表示当前运行的平台类型，包括以下 3 种：

① RobotType.TYPE_A：A 款机器人。

② RobotType.TYPE_B：B 款机器人。

③ RobotType.TYPE_TEACHING：机器人开发实验箱。

机器人能力初始化方法 initRobotAbility 对机器人的基础硬件能力进行了初始化，并在场景的 onCreate 方法中对初始化方法进行调用。在初始化成功后的状态返回时，执行了 Love 表情的显示方法。

2）将项目工程编译到机器人开发实验箱上运行。第一次运行时，如果进行录音等操作，可能会出现异常崩溃的情况。这是因为还没有给应用赋予相应的权限，如果没有动态申请就需要到应用设置中手动赋予权限，具体步骤如下：

① 打开按下〈Windows+R〉键，输入“cmd”打开命令提示符窗口。

② 在命令提示符窗口中输入命令“adb shell am start -n com.android.settings/com.android.settings.Settings”，使用 ADB 工具打开机器人开发实验箱的“设置”界面，如图 1-46 所示。

图 1-46　使用 ADB 工具打开系统设置界面

③ 在机器人开发实验箱的“设置”界面中选择“应用”，进入“应用”界面。找到项目工程应用名称对应的选项，打开“应用信息”界面，选择“权

学习笔记

限”，打开“应用权限”界面，将“麦克风”权限打开，如图 1-47～图 1-50 所示。

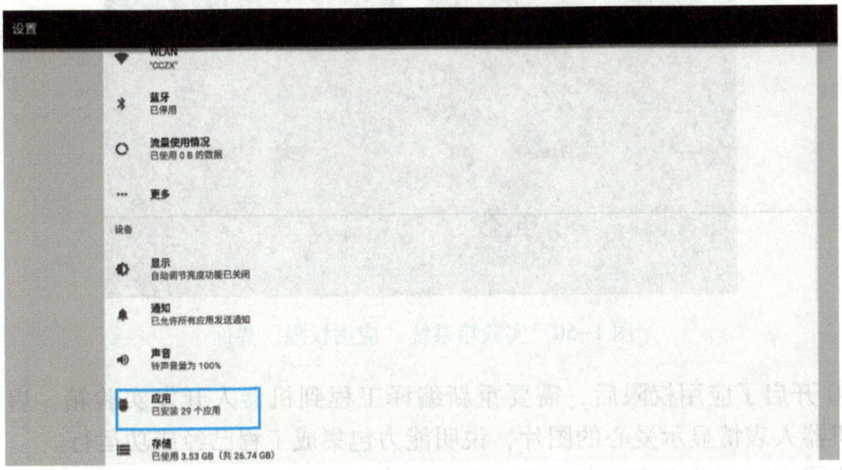

图 1-47　实验箱系统“设置”界面

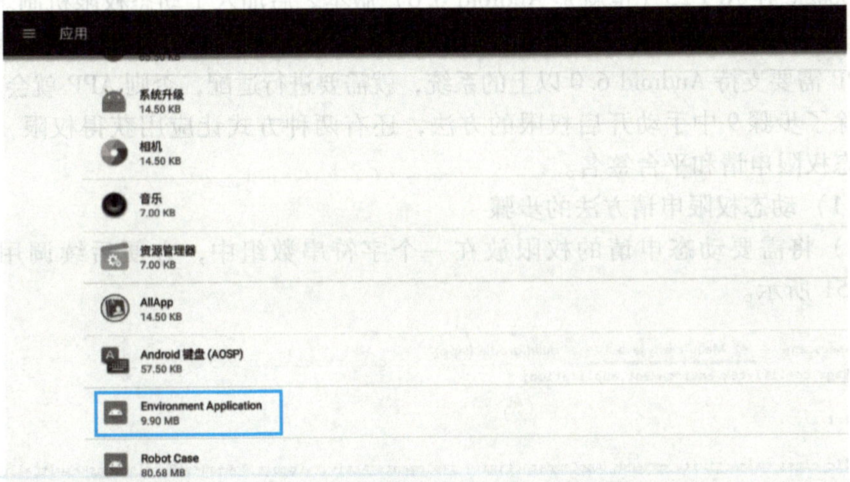

图 1-48　实验箱系统“应用”界面

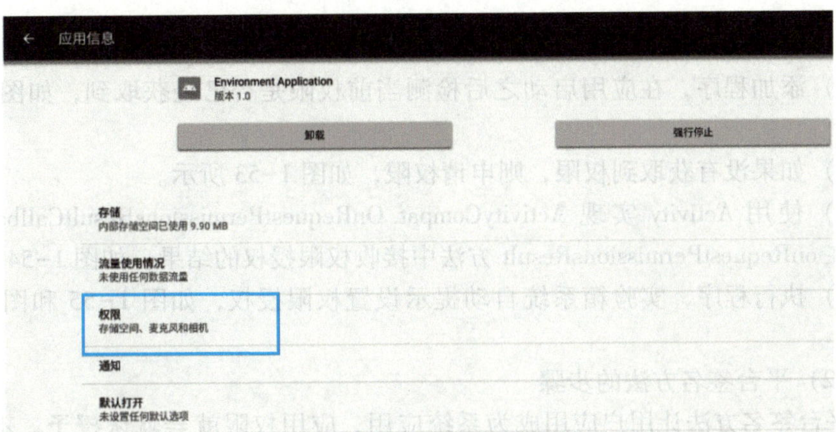

图 1-49　实验箱系统“应用信息”界面

学习笔记

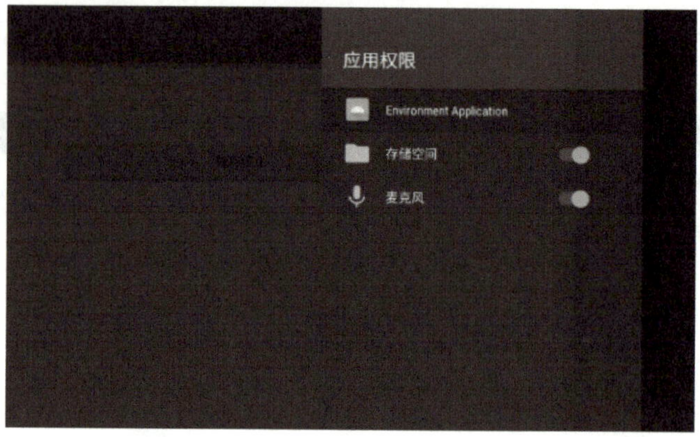

图 1-50 实验箱系统“应用权限”界面

④ 开启了应用权限后，需要重新编译工程到机器人开发实验箱。启动后，看到机器人表情显示爱心的图片，说明能力包集成工程已经成功运行。

步骤 10：动态权限申请与平台签名

Google 在 API 23（也就是 Android 6.0）版本之后加入了动态权限机制。对于一些敏感的权限，将决定权交还给了用户，不再是强制申请。由于这个原因，如果 APP 需要支持 Android 6.0 以上的系统，就需要进行适配，否则 APP 就会崩溃。

除了步骤 9 中手动开启权限的方法，还有两种方式让应用获得权限，分别是动态权限申请和平台签名。

（1）动态权限申请方法的步骤

1）将需要动态申请的权限放在一个字符串数组中，方便后续调用，如图 1-51 所示。

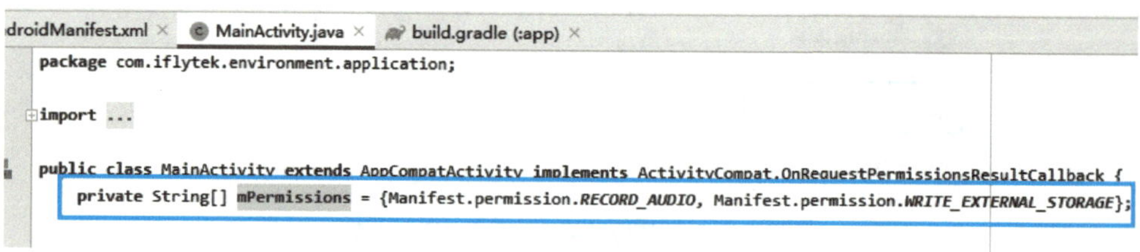

图 1-51 动态权限申请程序

2）添加程序，在应用启动之后检测当前权限是否已经获取到，如图 1-52 所示。

3）如果没有获取到权限，则申请权限，如图 1-53 所示。

4）使用 Activity 实现 ActivityCompat. OnRequestPermissionsResultCallback 接口，在 onRequestPermissionsResult 方法中接收权限授权的结果，如图 1-54 所示。

5）执行程序，实验箱系统自动提示设置权限授权，如图 1-55 和图 1-56 所示。

（2）平台签名方法的步骤

平台签名方法让用户应用成为系统应用，应用权限就会默认授予，不需要额外申请，平台签名的具体步骤如下。

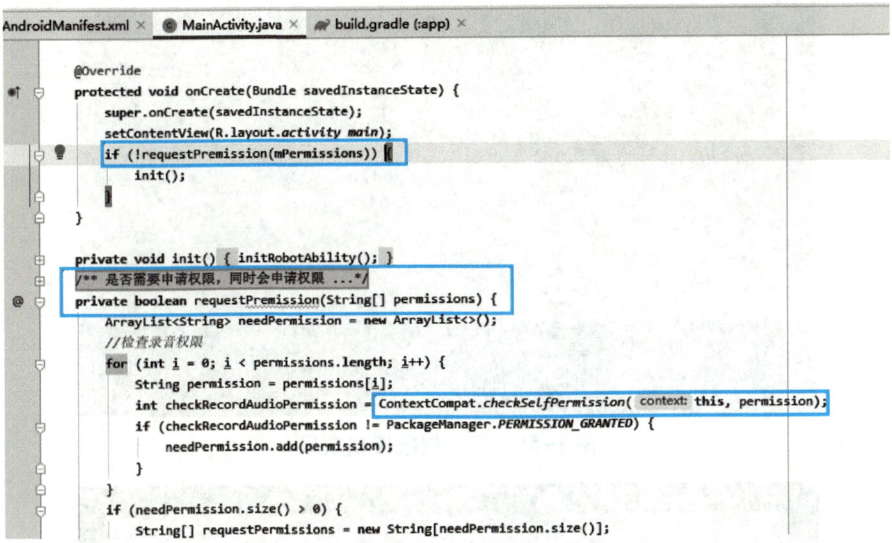

图 1-52　检测权限获取程序

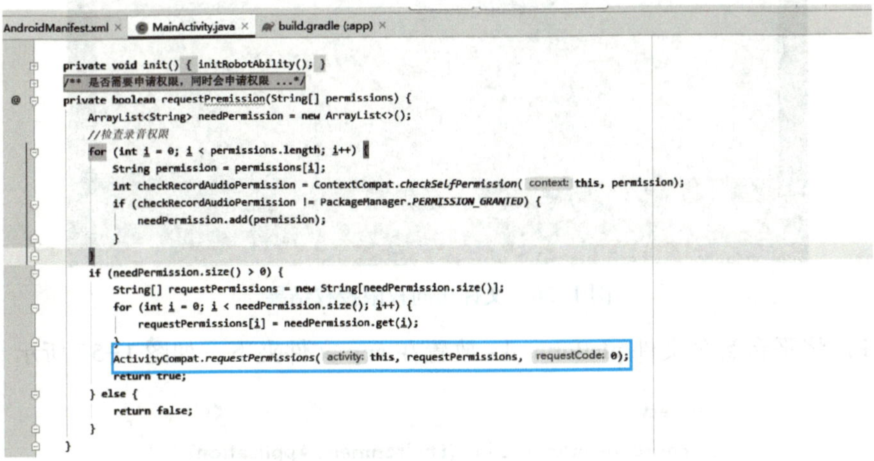

图 1-53　权限申请程序

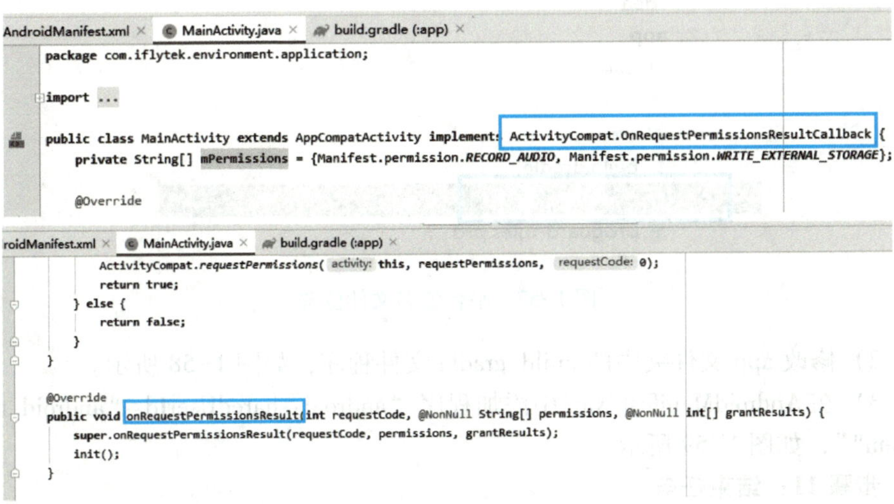

图 1-54　权限授权反馈程序

学习笔记

学习笔记

图 1-55　录音权限授权结果

图 1-56　文件访问权限授权结果

1）将平台签名文件 platform. jks 放置在 app 文件夹下，如图 1-57 所示。

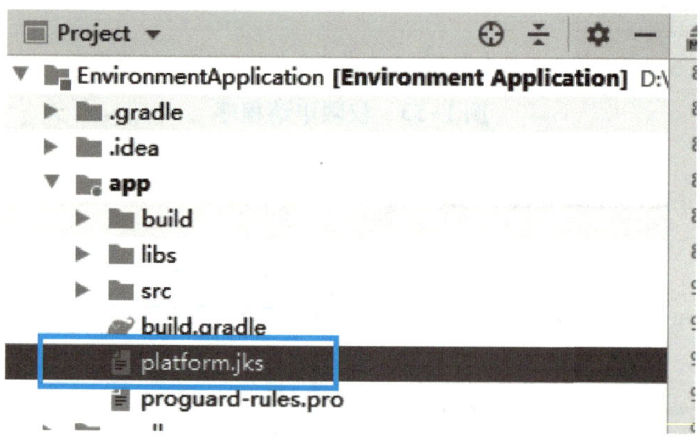

图 1-57　平台签名文件位置

2）修改 app 文件夹中的 build. gradle 文件程序，如图 1-58 所示。

3）在 AndroidManifest. xml 中添加程序 “android:sharedUserId="android. uid. system"”，如图 1-59 所示。

步骤 11：结束任务

完成任务后，需要进行以下工作：

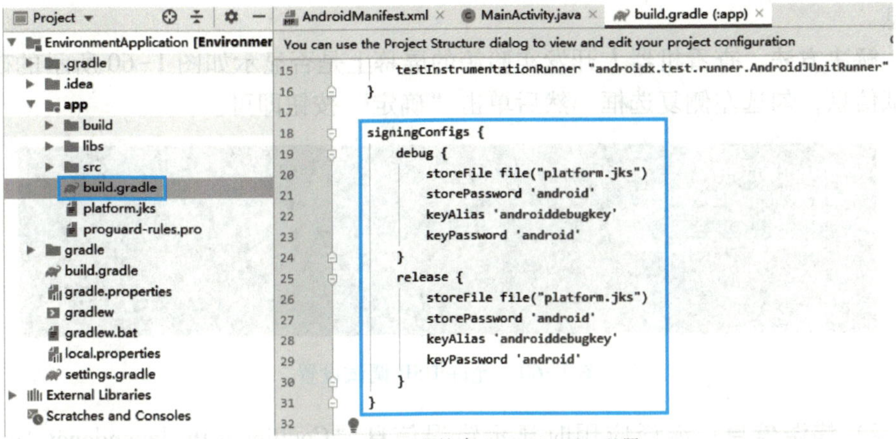

a) build.gradle文件中signingConfigs配置

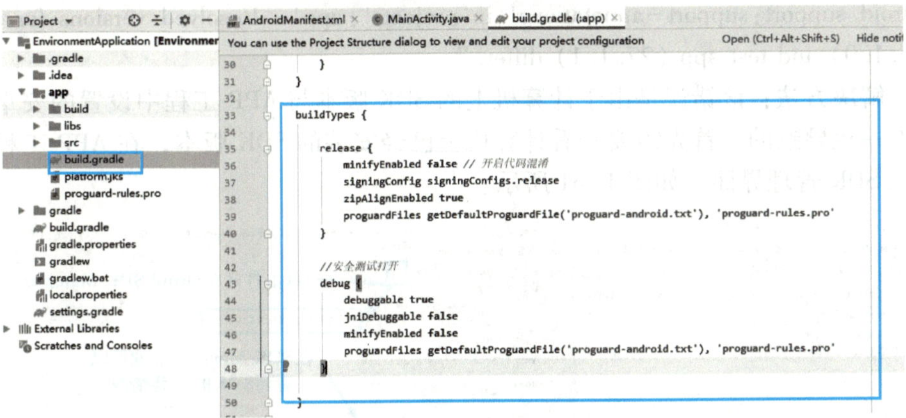

b) build.gradle文件中buildTypes配置

图 1-58　build. gradle 文件修改

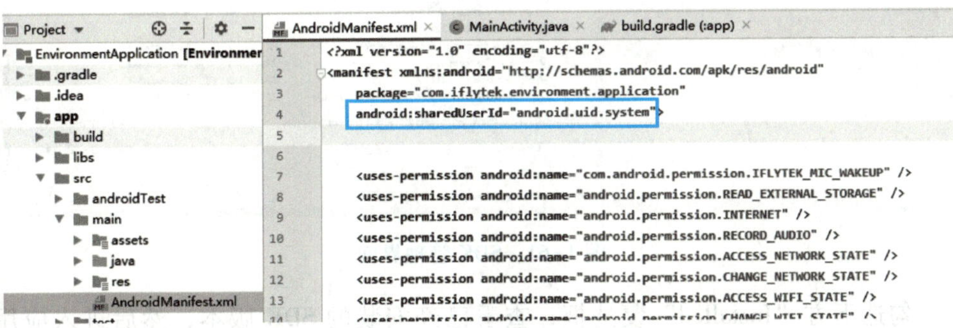

图 1-59　AndroidManifest. xml 文件修改

1）关闭应用开发软件。

2）断开机器人开发实验箱与计算机的 USB 连接线。

3）将机器人开发实验箱断电、装箱并合理放置。

4）将计算机关机。

常见问题与解决方法

1）**错误信息：**机器人开发实验箱连接计算机后，计算机上无法找到设备信息。

解决方法： 查看机器人开发实验箱的屏幕上是否显示如图 1-60 所示的确认调试信息，勾选左侧复选框，然后单击“确定”按钮即可。

图 1-60　允许 USB 调试设置

2）**错误信息：** 编译应用时显示错误信息“Conflict with dependency 'com.android.support:support-annotations' in project ':app'. Resolved versions for app (26.1.0) and test app (27.1.1) differ.”。

解决方法： 该错误是由于计算机上的 SDK 版本与 APP 工程中设置的安卓版本不一致导致的。首先需要查看计算机上已经安装的 SDK 版本，在 APP 工程中进入 SDK 管理界面，如图 1-61 所示。

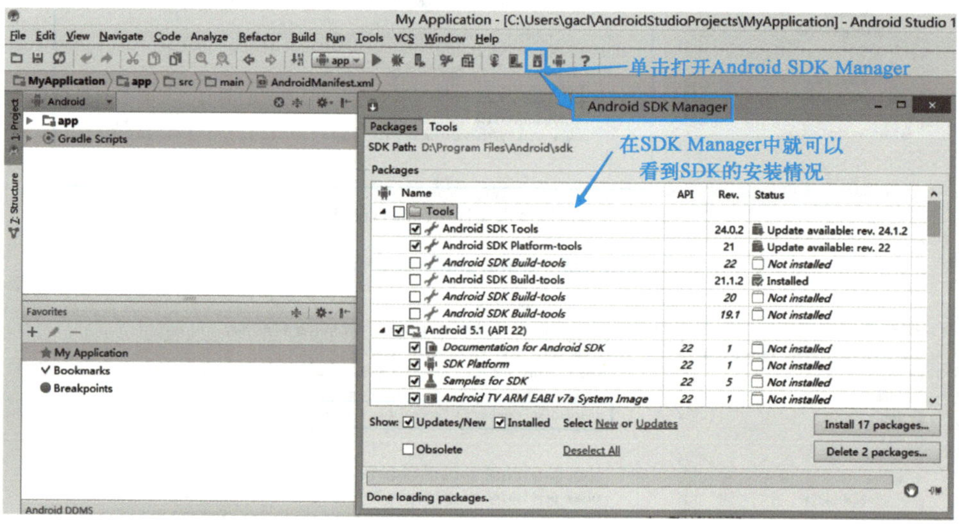

图 1-61　SDK 管理界面

勾选下方“Installed”复选框，查看已经安装的 SDK 版本，然后进入应用的 gradle 设置，将右侧的 SDK 版本设置改为计算机上已经安装的 SDK 版本，如图 1-62 所示。

3）**错误信息：** 编译应用时显示错误信息“Failed to open zip file. Gradle's dependency cache may be corrupt this sometimes occurs after a network connection timeout”。

解决方法： 该错误的原因是版本有问题或者版本文件出现异常，需要到官网下载匹配 Android Studio 版本的 gradle 文件。首先，在 Android Studio 工程中通过路径“File”→“Settings”打开 gradle 路径设置界面，如图 1-63 所示。

学习笔记

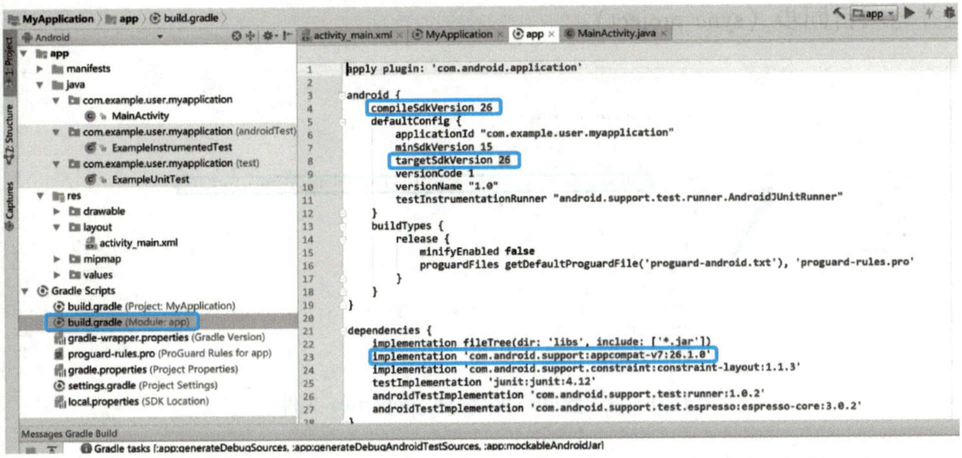

图 1-62 应用的 gradle 设置界面

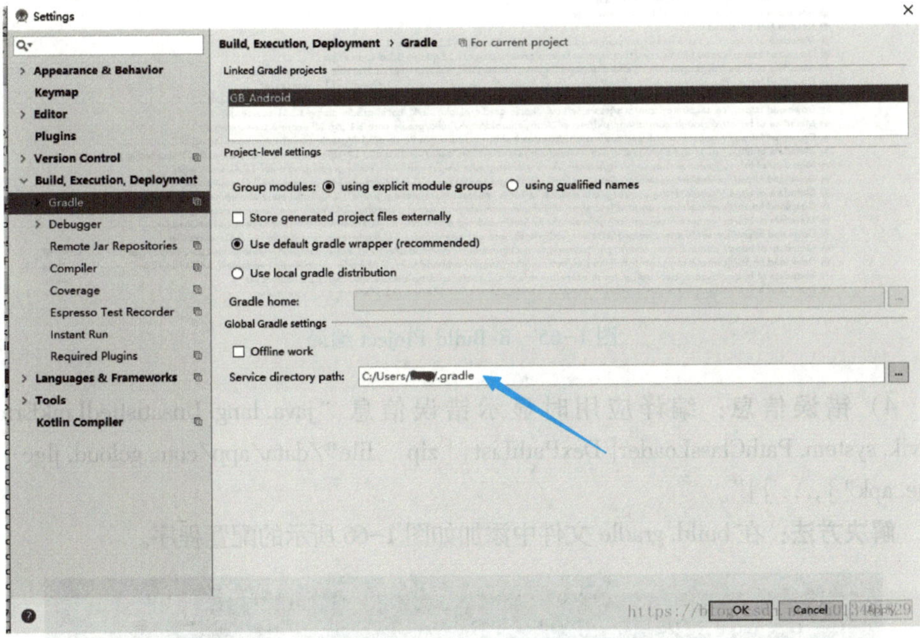

图 1-63 gradle 路径设置界面

打开路径“C:/Users/用户名/. gradle”，进入“/wrapper/dists”文件夹可以看到当前本地 gradle 版本。

打开 Android Studio 工程下带有（Gradle Version）标识的文件“gradle/wrapper/gradle-wrapper. properties”，复制如图 1-64 所示框中标记的下载链接进行下载。

将下载到本地硬盘上的 gradle 压缩文件复制到“. gradle/wrapper/dists/gradle-4. 4-all/9br9xq1tocpiv8o6njlyu5op1”文件目录下，并覆盖掉以前错误的以 . zip 格式结尾的 gradle 文件。

最后单击 Android Studio 顶部菜单栏“Build”→“ReBuild Project”进行编译，出现如图 1-65 所示的界面，表示工程相关依赖库（dependencies）下载完

学习笔记

成并与项目同步（sync project）。

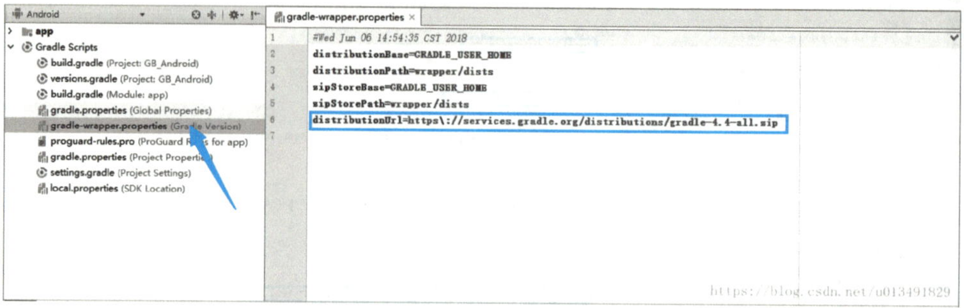

图 1-64 gradle-wrapper. properties 文件

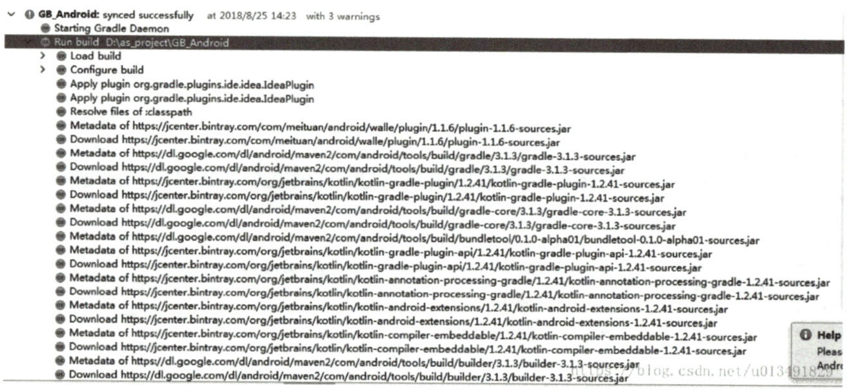

图 1-65 ReBuild Project 编译

4）**错误信息：** 编译应用时显示错误信息“java. lang. UnsatisfiedLinkError: dalvik. system. PathClassLoader[DexPathList[[zip file"/data/app/com. gcloud. jlgc-1/base. apk"],...]]”。

解决方法： 在 build. gradle 文件中添加如图 1-66 所示的配置程序。

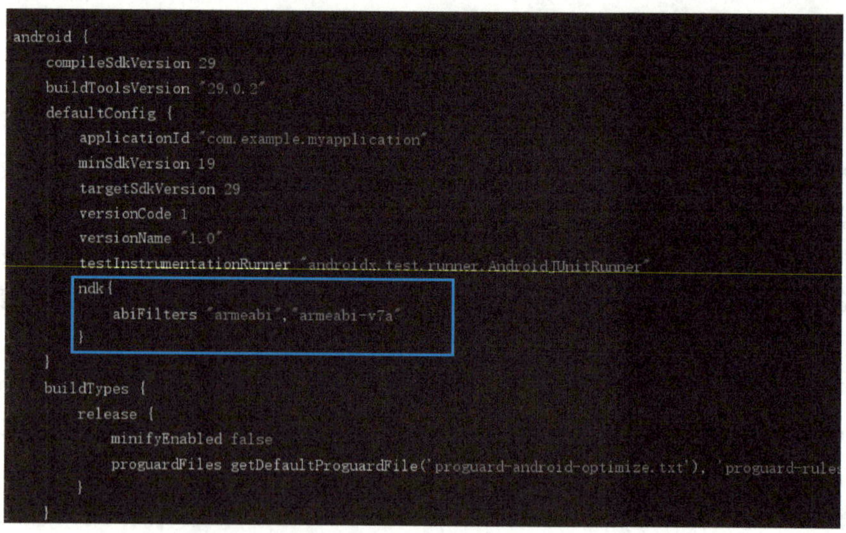

图 1-66 在 build. gradle 文件中添加配置程序

5）**错误信息：**编译应用时显示如图 1-67 所示的错误信息。

```
FaceToldCard: failed at 2021/4/20 9:32 with 2 errors                                   2 s 512 ms
  org.gradle.api.internal.plugins.PluginApplicationException: Failed to apply plugin [id 'com.android.internal.application']
    org.gradle.api.tasks.StopExecutionException: Your project path contains non-ASCII characters. This will most likely cause the
```

图 1-67　错误信息 non-ASCII

解决方法：该错误是由于项目路径存在错误，如路径中包含中文。将项目工程文件放在非中文路径下保存即可。

思考与拓展

在本任务功能集成示例的基础上改写程序，改变机器人开发实验箱显示屏幕上的欢迎文字，改变机器人表情。请记录修改的程序代码。

学习笔记

项目评价

班级		姓名		学号		日期	

自我评价

评价项目	评价内容	权重	A	B	C	D
知识掌握	了解机器人基本硬件构成及功能	0.1				
	了解服务机器人开发环境搭建的基本流程	0.1				
能力提升	会对服务机器人本体进行基本操作	0.1				
	会设置和使用机器人开发实验箱	0.1				
	能够对服务机器人开发环境进行搭建和配置	0.15				
	能够对服务机器人测试应用进行开发与调试	0.15				
素养养成	态度端正，无缺席、迟到、早退现象	0.1				
	与小组成员、同学之间能沟通交流，协作工作	0.1				
	能按照 6S 规范标准做到整理整顿、清扫清洁、注意素养、安全操作	0.1				

小组评价

评价项目	评价内容	权重	A	B	C	D
参与态度	在小组讨论中积极发言，主动操作调试	0.4				
协作精神	能积极配合小组成员完成工作任务	0.3				
能力提高	完成任务过程中能力有提升，学习有收获	0.3				

学习笔记

（续）

教师评价						
评价项目	评价内容	权重	A	B	C	D
能力包调用程序编写	功能流程实施正确	0.1				
	软（硬）件操作熟练	0.1				
	平台设置正确	0.1				
	正确调用能力包	0.1				
	正确编写代码	0.1				
模拟调试测试运行	功能调试正确	0.05				
	机器人操作规范	0.05				
	机器人运行正确	0.05				
	问题分析及解决记录	0.05				
	完成速度	0.05				
职业素养	设计创新能力	0.05				
	团队协作能力	0.05				
	汇报交流能力	0.05				
操作规范	工位收拾整齐	0.05				
	安全操作	0.05				

学习笔记

项目 2 智能语音功能开发与应用

项目描述

本项目通过设计一个智能语音交互应用场景，使用语音识别、语音合成、语义理解等技术，使学生了解如何在机器人上使用语音交互技术，完成语音交互场景设计，以及语音交互智能应用的开发。

学习目标

知识目标：

1. 掌握 AIUI 开放平台账号申请、应用创建及配置。
2. 掌握语音识别、语音合成和语义理解的设计流程。
3. 掌握语音识别、语音合成和语义理解的技术使用方法。

能力目标：

1. 能够熟练掌握 AIUI 平台的各项操作。
2. 能够调用语音合成、语音识别和语义理解能力接口。
3. 能够进行语音交互场景设计，完成语音交互智能应用的开发。
4. 能够在机器人开发实验箱、机器人本体上完成智能应用的开发与调试。

素质目标：

1. 培养缜密严谨的逻辑思维，精益求精的工匠精神。
2. 激发科技报国的家国情怀和使命感。

学习载体

硬件环境	实验箱	机器人开发实验箱
	机器人	服务机器人本体
	本地计算机	CPU：酷睿 i3 四代 2.0 GHz 以上 内存：4 GB 以上
软件环境	开发语言	Java
	开发工具	Android Studio 3.0.1 以上、ADB（1.0.40 版本）、JDK 1.8
	开放平台	AIUI 开放平台
依赖模块/库	能力包	机器人基础能力包：commonAbility-release.aar 机器人日志辅助包：starrobot-logability.aar AIUI 能力包：aiuilibrary-release.aar

学习笔记 知识链接

1. 语音交互系统基本组成

语音交互技术作为人工智能领域的核心组成部分，是智能机器人技术发展的重要因素。语音交互是通过语音技术实现人机交互的一种方式，使人们能够通过声音与设备进行通信和对设备进行控制。语音交互系统主要包括语音识别、语音合成、语义理解、对话管理等功能。

1）语音识别是语音交互的基础，将人类语音信号转换成文本以实现机器对人类语音命令的理解。相当于给机器安装上“耳朵”，使其具备“能听”的功能。目前，语音识别技术已相当成熟，可以在嘈杂的环境中准确识别人类的语音命令。

2）语音合成是将文本转换为自然流畅的声音的过程，使机器能够通过语音与人交流，即“让机器像人一样开口说话”。语音合成技术的发展非常迅速，目前已能够产生高度真实的人工合成语音，使得人与机器对话更加自然。

3）语义理解是指机器通过对用户语音指令的分析和理解，从中提取用户意图和关键信息。深度学习和自然语言处理等技术，使机器能够理解用户的语义，更好地满足用户的需求。

4）对话管理是指在对话交互中，系统如何跟踪、管理和组织对话的过程。对话状态管理需要记录对话的历史，包括用户的输入、系统的回应以及对话的当前状态，根据对话的历史和上下文，确定对话的下一步行动。

2. 语音交互关键技术

（1）语音识别技术

语音识别技术（Auto Speech Recognize，ASR）是将自然语音通过转写为文本内容的技术，所要解决的问题是让机器能够“听懂”人类的语音，并将语音中包含的文字信息“提取”出来。关键技术主要包括特征参数提取、模式匹配准则及模型训练技术。特征参数提取是从原始语音信号中提取出用于识别语音的有用信息；模式匹配准则是用于确定输入语音与已有模式之间的相似度；模型训练是实现模式匹配准则的基础，涉及训练数据的采集、预处理、模型结构设计、参数训练等多个方面。

（2）语音合成技术

语音合成技术又称文语转换（Text to Speech，TTS）技术，是将文本内容合成为自然语音，涉及声学、语言学、数字信号处理、计算机科学等多个学科技术，是中文信息处理领域的一项前沿技术。关键技术主要包括文本分析和语音生成。文本分析是对文本进行处理，包括分词、标点处理、发音指导和韵律标注等；语音生成是基于文本分析结果，通过语音合成技术生成符合文本含义和语调的音频数据。

（3）语义理解技术

语义理解是指将一句自然语言转化为计算机可读的结构化数据。关键技术主要包括中文分词、句法分析、语义分析和篇章分析。中文分词是将文本分割成对话最小单元；句法分析是用来确定句子的句法结构；语义分析主要用于词义消歧和语义角色标注；篇章分析用于理解每句话之间或者篇章的结构。

语义理解是 AIUI 的核心功能。例如“明天合肥天气怎么样”这句自然语言中，经过 AIUI 语义理解引擎，得到这句话所对应的固定格式 JSON 数据为：

```
    "semantic": [
      {
        "intent": "QUERY",
        "slots": [
          {
            "name": "datetime",
            "normValue": "2025-01-19"
          },
          { "name": "city",
            "normValue": "合肥"
          }
        ]
      }
    ],
"service": "weather"
```

学习笔记

3. 智能问答中 AI 大模型应用

大模型是指参数量巨大的模型，如超过 10 亿的参数，这些模型通常用于深度学习领域。大模型能够通过学习大量数据来优化模型的性能，提高模型的学习效果和泛化能力。

近年来，随着深度学习技术的不断发展，大模型已经成为许多领域的热点研究方向，如自然语言处理、计算机视觉、语音识别等领域。在自然语言处理领域，国外著名的大模型有 GPT 系列、BERT、LLaMA 系列等。这些大模型在文本分类、问答、摘要、翻译等应用中都取得了很好的效果。

我国在人工智能大模型领域也取得了重要进展，已经应用于医疗、金融等行业。例如科大讯飞公司的讯飞星火认知大模型，作为新一代认知智能大模型，通过海量文本、代码和知识的学习，拥有跨领域的知识和语言理解能力，能够基于自然对话方式来理解与执行任务。百度公司的“AI 多模态交互”已应用于百度地图、百度翻译等产品，实现了语音识别、自然语言处理等多种交互方式。深度求索公司的 DeepSeek 系列具有超长文本理解和多模态能力，在智能客服长对话、跨模态内容生成等领域优势显著。未来，随着技术的不断发展和应用场景的不断扩大，国产大模型还将继续发挥重要作用。

语音识别功能的开发实现 1

语音识别功能的开发实现 2

任务 2.1 语音识别功能的开发实现

任务目标

本任务主要基于 AIUI 平台，通过 AIUI 的配置及调用开发一个语音识别应用。具体任务目标如下：

1. 了解 AIUI 开放平台账号申请、应用创建及配置方法。

学习笔记

2. 掌握语音识别能力接口的调用开发。

3. 掌握使用开发套件完成语音识别应用的开发与调试。

任务分析

本任务通过开发一个简单语音识别应用，帮助理解机器人语音识别技术使用方法。任务实施流程如图 2-1 所示。

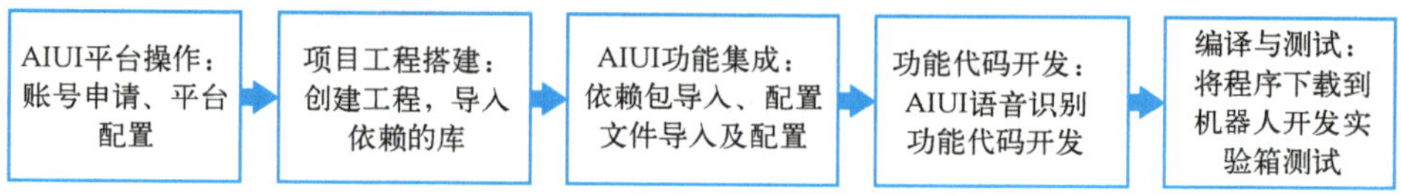

图 2-1 任务实施流程

能力接口方法提示

语音能力接口

1）能力包名称：aiuilibrary-release1. 0. 1. aar。

2）包名：com. starway. starrobot. aiuiability. AIUIAbility。

AIUIAbility 类设计如图 2-2 所示。

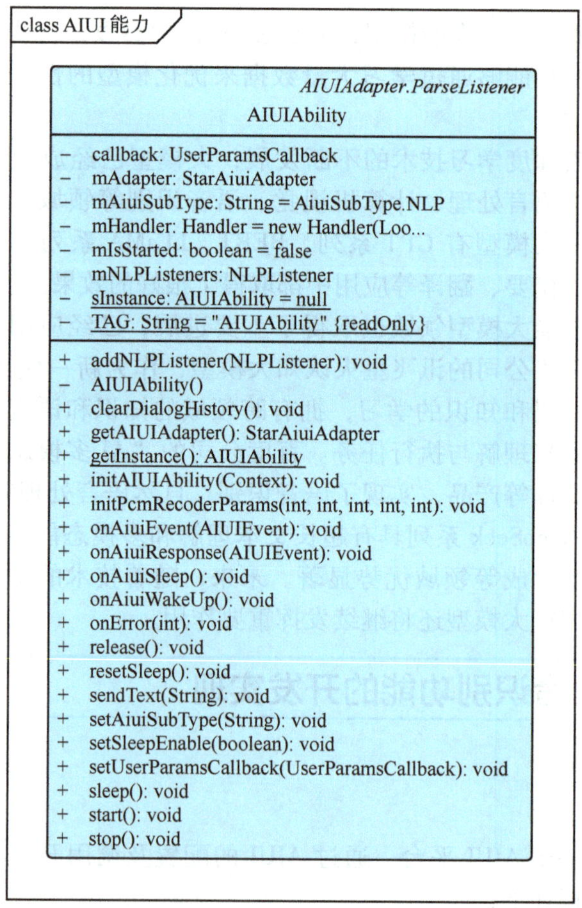

图 2-2 AIUIAbility 类设计

学习笔记

3）功能接口说明。

◆ 单例接口

接口名称：getInstance

传入参数：无

返回结果：语音能力类对象（AIUIAbility）

◆ 能力初始化接口

接口名称：initAIUIAbility

传入参数：

参数名称	参数类型	备　注
ctx	packageContext	上下文

返回结果：void

接口说明：语音能力初始化会注册 AIUI 服务，应确保 aiui. cfg 内 appid 参数配置正确。

示例代码：

```
// AIUI 能力测初始化
AIUIAbility. getInstance( ). initAIUIAbility( getApplicationContext( ) );
```

◆ 添加 AIUI 语义返回监听

接口名称：addNLPListener

传入参数：

参数名称	参数类型	备　注
listener	NLPListener	语义返回回调

返回结果：void

接口说明：用户说话，云端解析语义结果，通过该回调返回。

示例代码：

```
//注册 AIUI 监听
AIUIAbility. getInstance( ). addNLPListener( this);
@Override
public void onAiuiResponse( String result) {
//这里处理语义结果反馈
}
// AIUI 休眠
@Override
public void onAiuiWakeUp( ) {
}
// AIUI 唤醒
@Override
public void onAiuiSleep( ) {
}
```

学习笔记

```
// AIUI 错误回调
@Override
public void onError(int code) {
}
```

◆ 开启 AIUI 服务

接口名称：start

传入参数：无

返回结果：void

接口说明：start 启动同时会调用录音设备，需要录音和网络权限。

示例代码：

```
//开始语音处理
Executors.newSingleThreadExecutor().submit(new Runnable() {
    @Override
    public void run() {
        AIUIAbility.getInstance().start();
    }
});
```

◆ 关闭 AIUI 服务

接口名称：stop

传入参数：无

返回结果：void

接口说明：需要执行该方法来停止 AIUI 的服务，可以在 onPause 中执行。

示例代码：

```
//停止 AIUI 服务
AIUIAbility.getInstance().stop();
```

任务实施

步骤 1：AIUI 账号申请及平台设置

本次任务使用科大讯飞 AIUI 开放平台中的语音识别功能，需要申请 AIUI 平台账号，并完成平台上相关功能设置。具体步骤如下：

1）使用浏览器访问 AIUI 开放平台。

2）单击右上角“注册”按钮，进入注册界面，根据要求完成注册信息的填写。

3）使用已注册的账号登录 AIUI 开放平台，单击界面上方“我的应用”按钮，进入应用管理界面，单击“创建应用”按钮，开始添加应用，如图 2-3 所示。

4）在“创建应用”界面，输入应用名称，应用平台选择“Android”，应用分类选择“服务机器人”，单击“确定创建”按钮完成应用的添加，如图 2-4 所示。

学习笔记

图 2-3　AIUI 开放平台界面

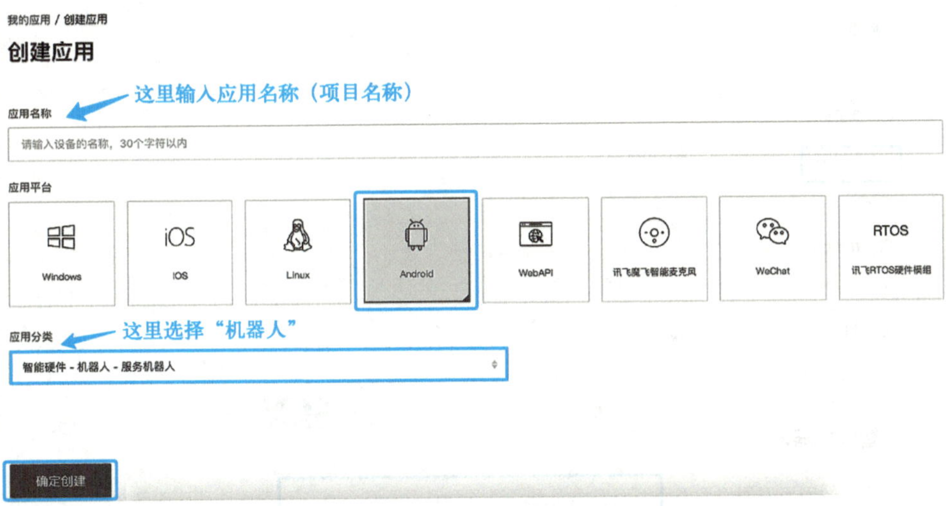

图 2-4　“创建应用”界面

5）完成应用创建后，进入“应用信息”界面，可以查看应用中需要使用的 APPID 和 APPKEY 等信息，如图 2-5 所示。

6）单击界面右侧的“应用配置”选项，进入“应用配置”界面，对应用的语音识别参数进行设置，并打开“语义理解”功能，如图 2-6 所示。

根据应用特点及主要客户群体按需选择语种、方言、领域和距离信息，机器人开发实验箱采用了 6 麦克风环形阵列，可以实现远程拾音模式，为此“距离”选项中也可选择“远场”模式。

在“高级设置”中，可以对语音识别展示效果进行选择，例如选择“识别结果添加标点”“识别结果优先阿拉伯数字”和“progressive 流式识别”。另外，为了提高某些专有名词的识别率，可以在平台上传热词文件。

学习笔记

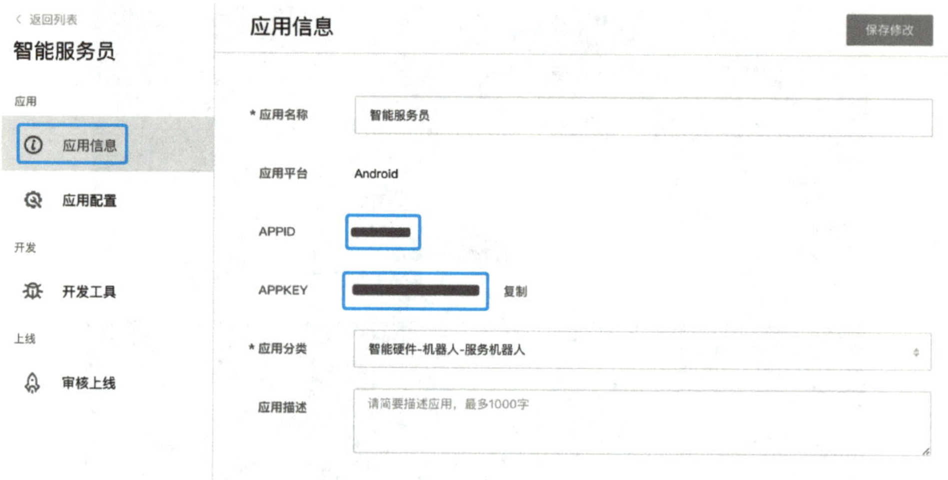

图 2-5 “应用信息”界面

图 2-6 “应用配置”界面

注意： 针对免费申请的账号，AIUI 开放平台对应用设置了每天 500 次交互的使用次数限制，如果需要对交互次数进行提升，请联系客服人员处理。

步骤 2：项目工程搭建及能力包导入

参考“任务 1.3 机器人开发环境配置”中步骤 7~9，完成工程搭建和能力包导入。

步骤 3：项目 AIUI 能力导入及配置

完成了应用工程的搭建后，需要在应用工程中集成 AIUI 能力，具体步骤如下：

1）导入配置文件，将 aiui.cfg 文件导入应用工程目录“src/main/assets/cfg/”。

2）修改 aiui.cfg 文件中的配置信息，需要修改代码中 appid、appkey 和 scene 的信息，将 AIUI 平台创建的应用信息对应填入即可。具体代码如下：

```
/* AIUI 参数配置 */
{
    /* login 相关参数 */
    "login":{
        "appid":"*******",
        "appkey":"********************************"
    }
    /* 交互参数 */
    "interact":{
        "interact_timeout":"60000",
        "result_timeout":"5000"
    },
    /* 全局设置 */
    "global":{
        "scene":"********"
    }
}
```

步骤 4：功能代码开发

功能代码开发包括 4 个步骤，分别为 AIUI 能力初始化、注册 AIUI 监听、开启 AIUI 服务和关闭 AIUI 服务，流程如图 2-7 所示。

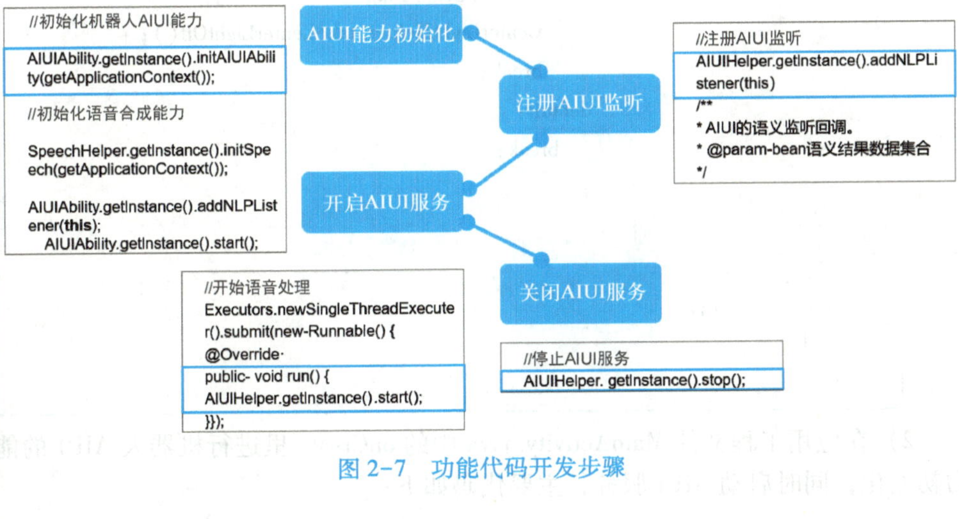

图 2-7　功能代码开发步骤

学习笔记

1）在应用工程的入口文件 MyApp. java 中的 onCreate 里进行机器人硬件能力初始化，使机器人的六麦克风阵列能被使用进行录音，主要代码如下：

```
public class MyApp extends Application {
    @Override
    public void onCreate() {
        super.onCreate();
        init();
    }
    private void init() {
        StarLogAbility.getInstance().initAbility(this);
        //基础能力初始化
        StarCommonAbility.getInstance().initAbility(this,
                RobotType.TYPE_TEACHING, new StarCommonAbility.onResult-
                  Callback() {
            @Override
            public void onResult(boolean isSuccess, String hardCode) {
                if (isSuccess) {
                    //硬件和业务状态初始化
                switch (hardCode) {
                    case PartCode.HARDWARE_PARTCODE.CODE_EMOJI:
                        //设置初始表情
                        EmojiHelper.doEmojiBase();
                        break;
                    case PartCode.HARDWARE_PARTCODE.CODE_GPIO:
                    //默认加载的时候，将拾音方向设置为默认正前方的0°
                        GPIOHelper.getInstance().setMainMic(0);
                        break;
                case PartCode.HARDWARE_PARTCODE.CODE_CENTER_LIGHT:
                        //关闭腹部灯带
                        CenterLightHelper.takeCenterLightOff();
                        break;
                    default:
                        break;
                }
            }
        }
    });
    }
}
```

2）在应用工程文件 MainActivity. java 中的 onCreate 里进行机器人 AIUI 的能力初始化，同时启动 AIUI 服务，主要代码如下：

学习笔记

```
@Override
protected void onCreate(Bundle savedInstanceState) {
    super.onCreate(savedInstanceState);
    setContentView(R.layout.activity_main);
    //初始化 AIUI 能力
    AIUIAbility.getInstance().initAIUIAbility(this);
    //设置 AIUI 监听
AIUIAbility.getInstance().addNLPListener(this);
    //启动 AIUI
    AIUIAbility.getInstance().start();
}
/**
 * 解析 AIUI 结果,处理语义指令
 * @param semantic
 */
    @Override
    public void onAiuiResponse(String s) {
    }
    @Override
    public void onAiuiWakeUp() {
    }
    @Override
    public void onAiuiSleep() {
    }
    @Override
    public void onAiuiEvent(AIUIEvent aiuiEvent) {
    }
    @Override
    public void onError(int i) {
    }
```

3）在 onPause 方法中，停止 AIUI 服务，完成在应用工程中 AIUI 能力的集成，主要代码如下：

```
@Override
protected void onPause() {
    super.onPause();
    //停止 AIUI 服务
    AIUIAbility.getInstance().release ();
}
```

4）修改界面布局文件，添加一个用于显示语音识别输出文本的控件。打开位于目录“/app/src/main/res/layout/activity_main.xml”的布局文件，修改其中的代码如下：

学习笔记

```
<?xml version="1.0" encoding="utf-8"?>
<RelativeLayout xmlns:android="http://schemas.android.com/apk/res/android"
    xmlns:app="http://schemas.android.com/apk/res-auto"
    xmlns:tools="http://schemas.android.com/tools"
    android:layout_width="match_parent"
    android:layout_height="match_parent"
    tools:context=".MainActivity">
    <TextView
        android:id="@+id/txtArea"
        android:layout_width="wrap_content"
        android:layout_height="wrap_content"
        android:text=""
        android:textSize="32sp"
        android:layout_centerInParent="true"/>
</RelativeLayout>
```

5）添加一个用来显示语音识别输出文本的 TextView 控件，位于屏幕的中间位置，并将其 ID 设置为“txtArea”。

6）解析 AIUI 返回的结果，并将获得的文本进行显示。修改 MainActivity 类文件中的 onAiuiResponse 方法，主要代码如下：

```
/**
 * 解析 AIUI 结果,处理语义指令
 * @param bean
 */
@Override
public void onAiuiResponse(String bean) {
    if (TextUtils.isEmpty(bean)) {
        return;
    }
    try {
        JSONObject object = new JSONObject(bean);
        if (null == object) {
            return;
        }
        JSONObject intentObject = object.optJSONObject("intent");
        if (null == intentObject) {
            return;
        }
        if(intentObject.has("text")){
            TextView txtView = (TextView) findViewById(R.id.txtArea);
            txtView.setText(intentObject.getString("text"));
        }
```

```
        } catch (Exception e) {
            e.printStackTrace();
        }
    }
```

学习笔记

步骤 5：应用权限申请

应用获得权限的方式有动态权限申请和平台签名，本次任务采用平台签名的方式获得权限。具体的操作参考“任务 1.3 机器人开发环境配置”中的步骤 10。

步骤 6：功能测试

将机器人开发实验箱与计算机通过 USB 连接线进行连接，然后将应用下载到机器人开发实验箱运行。

当应用正常运行时，在实验箱的麦克风位置进行语音输入，当屏幕上显示出用户所说的内容时，任务达到预期效果。例如，语音为“今天天气怎么样?”，识别结果显示如图 2-8 所示。

图 2-8　语音识别测试结果

常见问题与解决方法

1）**错误信息：**程序出现崩溃异常。

解决方法：出现该问题可能是因为程序录音没有权限，机器人系统 Android 7.1.2 需要动态申请权限，代码中如果没有动态进行麦克风权限的申请，需要到系统设置页面手动打开录音权限。使用 adb 命令“adb shell am start -n com.android.settings/com.android.settings.Settings”进入系统设置。

2）**错误信息：**在添加应用代码的过程中，出现“Cannot resolve symbol 'InputStream'”的错误提示信息，如图 2-9 所示。

解决方法：出现该问题是因为当前文件中没有导入相应的类，需要将光标置于需要导入的类对象名称位置上（如“InputStream”处），然后同时按下〈Alt+Enter〉键即可自动导入该类。

3）**错误信息：**应用运行时，错误提示信息显示为“errorCode:10147”。

解决方法：检查 AIUI 配置文件中 APPID 和 APPKEY 的设置，是否跟 AIUI 平台创建应用的 APPID 和 APPKEY 一致。

学习笔记

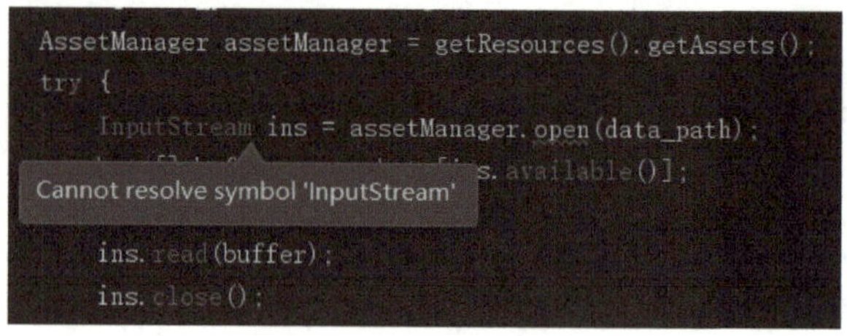

图 2-9 错误提示信息

思考与拓展

1. 当返回错误提示信息“errorCode”为 10120 时，发生错误的原因是什么？

2. 程序中如何从 AIUI 平台返回数据中提取语音识别结果？写出代码。

任务 2.2 语音合成功能的开发实现

任务目标

本任务通过 AIUI 的配置及调用，开发一个关于语音合成的智能应用。具体任务目标如下：

1. 了解 AIUI 开放平台应用创建及配置。
2. 掌握语音合成能力接口的调用方法。
3. 掌握基于机器人开发实验箱完成语音合成应用的开发与调试。

语音合成功能的开发实现 1

语音合成功能的开发实现 2

任务分析

本任务通过开发一个简单语音识别应用，掌握在机器人上使用语音合成技术的方法，任务的实施流程如图 2-10 所示。

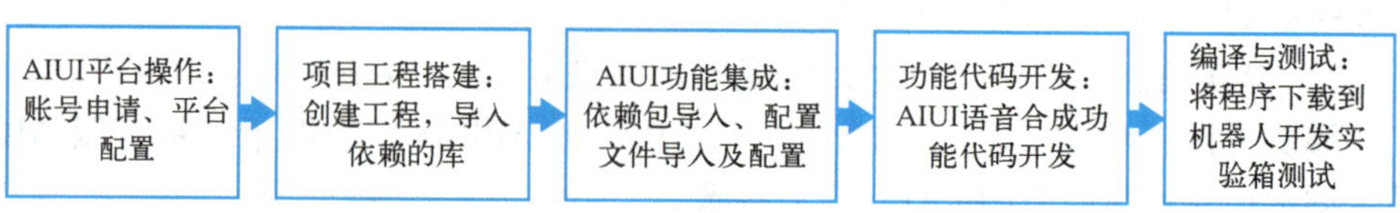

图 2-10 任务实施流程

能力接口方法提示

学习笔记

语音合成能力

1）能力包名称：commonAbility-release1. 0. 3. 4. aar。

2）包名：com. starway. starrobot. commonability. SpeechHelper。

SpeechHelper 类设计如图 2-11 所示。

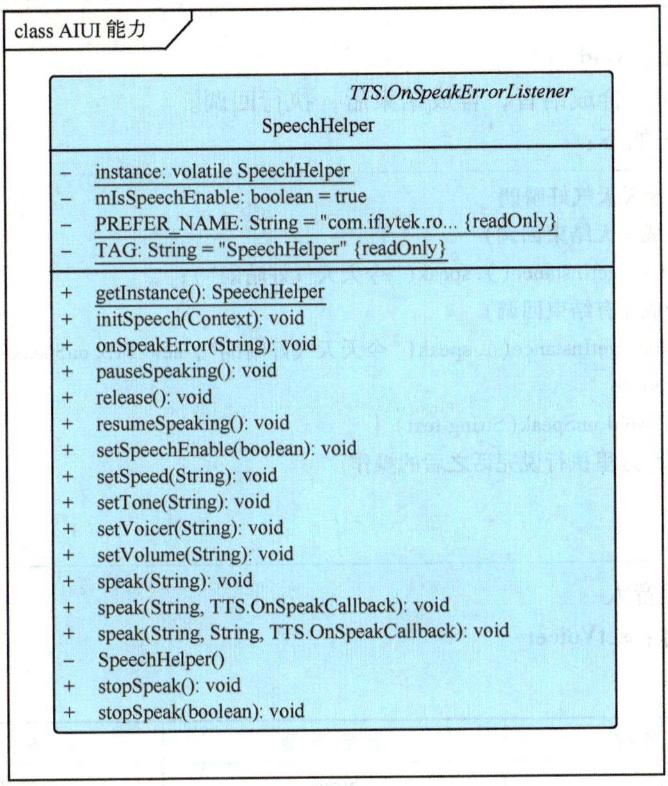

图 2-11 SpeechHelper 类设计

3）功能接口说明。

◆ 单例接口

接口名称：getInstance

传入参数：无

返回结果：语音合成能力类对象（SpeechHelper）

◆ 语音合成初始化接口

接口名称：initSpeech

传入参数：

参数名称	参数类型	备注
ctx	packageContext	上下文

返回结果：void

接口说明：语音合成能力初始化方法，需要先获取 aiui. cfg 配置参数。

学习笔记

◆ 语音合成

接口名称：speak

传入参数：

参数名称	参数类型	备注
text	String	合成文本
callback	OnSpeakCallback	语音合成回调

返回结果：void

接口说明：合成语音，合成结束后，执行回调。

示例代码如下：

```
//语音：今天天气好晴朗
//语音合成（无结束回调）
SpeechHelper.getInstance().speak("今天天气好晴朗");
//语音合成（有结束回调）
SpeechHelper.getInstance().speak("今天天气好晴朗", new TTS.onSpeakCallback() {
    @Override
    public void onSpeak(String text) {
        //这里执行说完话之后的操作
    }
});
```

◆ 设置发音人

接口名称：setVoicer

传入参数：

参数名称	参数类型	备注
name	String	发音人

返回结果：void

接口说明：指定发音人，具体请参照 AIUI 文档。

示例代码如下：

```
//指定语音合成的发音人为"佳佳"
SpeechHelper.getInstance().setVoicer("jiajia");
```

◆ 设置语速

接口名称：setSpeed

传入参数：

参数名称	参数类型	备注
speed	String	语速

返回结果：void

接口说明：设置合成语速，范围为 0~100。

示例代码如下：

```
//设置语速为 50（中等语速）
SpeechHelper.getInstance().setSpeed("50");
```

◆ 设置音调

接口名称：setTone

传入参数：

参数名称	参数类型	备　注
tone	String	音调

返回结果：void

接口说明：设置合成音调，范围为 0~100。

示例代码如下：

```
//设置音调为 50
SpeechHelper.getInstance().setTone("50");
```

◆ 设置音量

接口名称：setVolume

传入参数：

参数名称	参数类型	备　注
volume	String	音量

返回结果：void

接口说明：设置合成音量，范围为 0~100。

示例代码如下：

```
//设置音量为 50（中等音量）
SpeechHelper.getInstance().setVolume("50");
```

任务实施

步骤 1：AIUI 开放平台应用添加及设置

参考“任务 2.1 语音识别功能的开发实现”中的步骤 1，完成 AIUI 开发平台的应用添加，获取应用的 APPID 和 APPKEY。

步骤 2：项目工程搭建及能力包导入

参考“任务 1.3 机器人开发环境配置”中步骤 7~9，完成工程搭建和能力包导入。

步骤 3：项目 AIUI 能力导入及配置

1）导入配置文件，将 aiui.cfg 文件导入应用工程目录“src/main/assets/cfg/”中。

2）修改 aiui.cfg 文件中的配置信息，需要修改代码中 appid、appkey 和 scene 的信息，将 AIUI 平台创建的应用信息对应填入即可。主要代码如下：

学习笔记

```
/* AIUI 参数配置 */
{
    /* login 相关参数 */
    "login":{
        "appid":"*******",
        "appkey":"********************************"
    }
    /* 交互参数 */
    "interact":{
        "interact_timeout":"60000",
        "result_timeout":"5000"
    },
    /* 全局设置 */
    "global":{
        "scene":"********"
    }
}
```

步骤4：功能代码开发

在本次任务中，需要实现以下两个功能：

- 当应用接收到语音“你是谁”时，通过语音合成并播报文本“我是小途，很高兴为您服务”。
- 当应用接收到语音“你多大了”时，通过语音合成并播报文本“我4岁了，但是我很聪明哦，可以聊天和唱歌”。

功能代码开发步骤如图2-12所示。

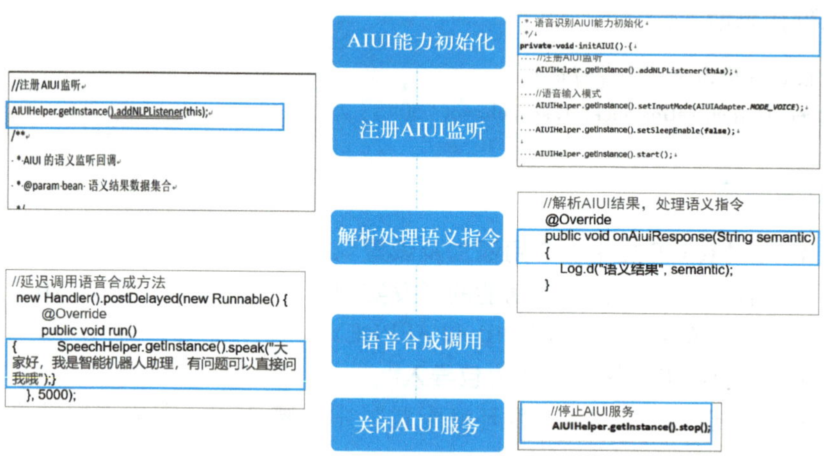

图2-12 功能代码开发步骤

1）在应用工程文件MainActivity. java中的onCreate方法中进行AIUI的能力初始化，并在文件中添加AIUI的回调方法。

2）修改页面布局文件，添加一个ID为“txtArea”的TextView文本控件，参考“任务2.1 语音识别功能的开发实现”中的步骤4。

3）在onCreate方法中进行语言合成能力的初始化，主要代码如下：

```
@Override
protected void onCreate(Bundle savedInstanceState) {
    super.onCreate(savedInstanceState);
    setContentView(R.layout.activity_main);
    if (!requestPremission(mPermissions)) {
        init();
    }
}
private void init() {
    Log.i("test", "init");
    //初始化AIUI能力
    AIUIAbility.getInstance().initAIUIAbility(this);
    //设置AIUI监听
    AIUIAbility.getInstance().addNLPListener(this);
    SpeechHelper.getInstance().initSpeech(this);
    SpeechHelper.getInstance().setVoicer("xiaofeng");
    //启动AIUI
    AIUIAbility.getInstance().start();
}
```

4）解析AIUI返回的结果，在onAiuiResponse方法中进行语义结果的解析，同时添加相应的回答内容和语音合成播报功能。主要代码如下：

```
@Override
public void onAiuiResponse(String semantic) {
    Log.i("test", "test:" + semantic);
    if (TextUtils.isEmpty(semantic)) {
        return;
    }
    try {
        JSONObject object = new JSONObject(semantic);
        if (null == object) {
            return;
        }
        JSONObject intentObject = object.optJSONObject("intent");
        if (null == intentObject) {
            return;
        }
        final TextView txtArea = (TextView) findViewById(R.id.txtArea);
        if (intentObject.has("text")) {
            String txt = intentObject.getString("text");
            if (txt.contains("你是谁")) {
```

学习笔记

```
                String text = "我是小途，很高兴为您服务。";
                txtArea.setText(text);
                SpeechHelper.getInstance().speak(text);
            } else if (txt.contains("你多大了")) {
                String text ="我4岁了，但是我很聪明哦，可以聊天和唱歌";
                txtArea.setText(text);
                SpeechHelper.getInstance().speak(text, new TTS.OnSpeakCallback() {
                    @Override
                    public void onSpeak(String s) {
                        //需要在主线程中进行界面元素的修改
                        runOnUiThread(new Runnable() {
                            @Override
                            public void run() {
                                txtArea.setText("您好，请问有什么可以帮您?");
                            }
                        });
                    }
                });
            }
        }
    } catch (Exception e) {
        e.printStackTrace();
    }
}
```

步骤5：应用权限申请

应用获得权限的方式有动态权限申请和平台签名，本次任务采用平台签名的方式获得权限。具体的操作参考“任务1.3 机器人开发环境配置”中的步骤10。

步骤6：功能测试

将机器人开发实验箱与计算机通过USB连接线进行连接，然后将应用下载到机器人开发实验箱运行。

当应用运行时，测试流程如下：

1）在实验箱的麦克风位置语音输入“你是谁”，应用会进行语音播报“我是小途，很高兴为您服务”，同时界面上显示相应文本。测试显示结果如图2-13所示。

2）在实验箱的麦克风位置语音输入“你多大了”，应用会进行语音播报“我4岁了，但是我很聪明哦，可以聊天和唱歌”，同时界面上显示相应文本。测试显示结果如图2-14所示。当语音播报完成后，界面显示的文本重新变回“您好，请问有什么可以帮您?”

学习笔记

图 2-13　语音合成应用测试问答 1 界面

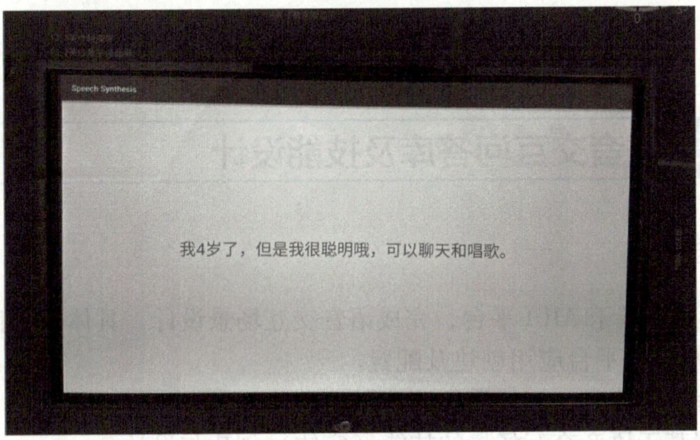

图 2-14　语音合成应用测试问答 2 界面

常见问题与解决方法

1）**错误信息：**应用编译运行时，没有播放合成的语音，并且错误提示信息为“errorCode：10147”。

解决方法：检查 AIUI 配置文件中 APPID 和 APPKEY 的设置，是否跟 AIUI 平台创建应用的 APPID 和 APPKEY 一致。

2）**错误信息：**编译应用时显示如图 2-15 所示的错误信息。

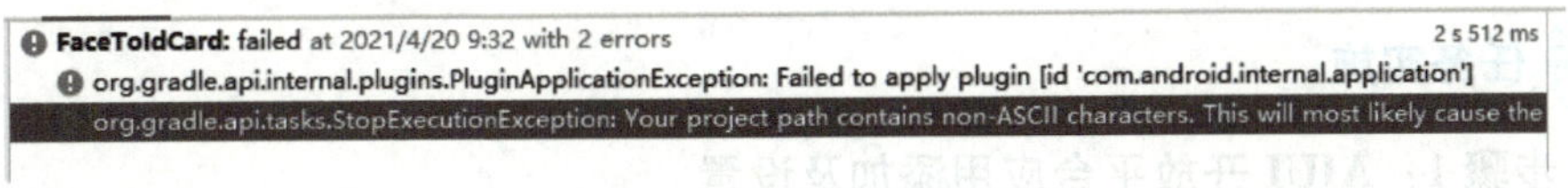

图 2-15　错误信息提示

解决方法：该错误是由于项目路径存在错误，如路径中包含中文。将项目工程文件放在非中文路径下保存即可。

思考与拓展

1. 当使用机器人自带的语音合成能力包时，与 AIUI 平台上的语音合成功能是否会冲突？

2. 语音合成中发音人的声音是如何构建的？

语音交互问答库及技能设计 1

语音交互问答库及技能设计 2

语音交互问答库及技能设计 3

语音交互问答库及技能设计 4

语音交互问答库及技能设计 5

任务 2.3 语音交互问答库及技能设计

任务目标

本任务主要基于 AIUI 平台，完成语音交互场景设计，具体任务目标如下：

1. 掌握 AIUI 平台应用创建及配置。
2. 掌握基于语音交互场景的问答库创建与设计。
3. 掌握基于语音交互场景的技能（实体）创建与设计。

任务分析

本任务通过开发一个简单语音交互问答库应用，掌握服务机器人问答语料库设计，任务实施流程如图 2-16 所示。

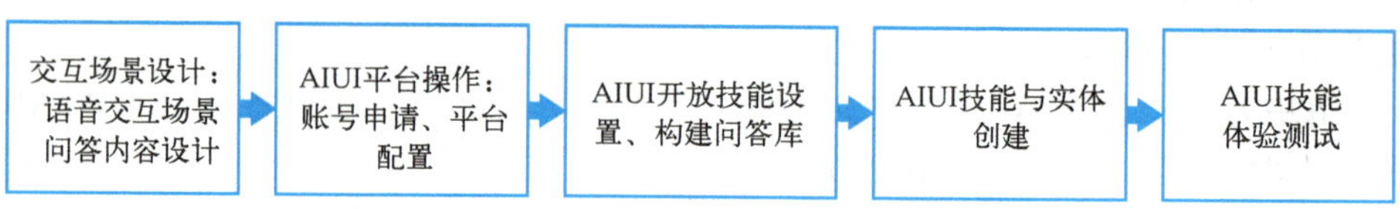

图 2-16 问答语料库设计实施流程

任务实施

步骤 1：AIUI 开放平台应用添加及设置

1）参考“任务 2.1”获取应用的 APPID 和 APPKEY，并对 AIUI 平台的语音识别参数进行设置。

2）参考“任务 2.2”对 AIUI 平台的语音合成参数进行设置。

步骤 2：添加商店开放技能

AIUI 开放平台的“技能商店”中内置了平台所有开放技能，包括每种技能

学习笔记

的使用介绍和语义协议。开放技能覆盖吃、住、行、娱乐等众多垂直领域，帮助开发者快速实现基本需求。其中很多开放技能都能免费使用，可以直接在应用中集成这些技能。

添加开放技能的具体步骤如下：

1）单击“管理技能配置”按钮即可进入技能配置界面，如图 2-17 所示。

图 2-17　管理技能配置界面

2）在“技能配置”界面中，可启动所罗列的商品技能，如图 2-18 所示。

图 2-18　商品技能界面

步骤 3：添加自定义问答“我的问答库”

当商店开放技能无法满足用户个性化需求时，需要自定义特定技能。例如，实现银行卡业务的咨询和办理时，可以利用“技能工作室”（Skill Studio）完成自定义技能的设计、开发、测试、发布等工作。开发者可以通过可视化的界面，快速高效地将自己的创意、产品或服务，通过语音技能传达给用户。

自定义技能的具体步骤如下：

学习笔记

1）单击AIUI开放平台界面上方的“技能工作室”菜单，进入“技能控制台”界面，如图2-19所示。

图2-19 “技能控制台”界面

在一些简单应用场景中，智能设备在接收到指定问题后，只需要回答固定的一种或几种答复时，可以利用“我的问答库”功能实现。例如：

问题（Q）：“你的名字是什么”。

回答（A）：“我叫小途，是你的贴心秘书”。

问答库的问题和回答没有语法上的要求，按正常表述习惯录入即可。同时平台支持“一问一答”“一问多答”和“多问多答”的配置。

2）单击“创建问答库”按钮，填入问答库名称，单击“创建”即可完成创建。

3）继续创建主题，填入预设的问题和回答即可。另外，问答对可以通过Excel模板编辑后进行批量导入和导出操作。

例如：

- 在“技能工作室”中创建问答库“课程咨询”。
- 在问答库“课程咨询”中添加问答数据，内容见表2-1。
- 在应用配置界面完成自定义问答“课程咨询”的添加。

表2-1 问答列表案例

主题	问题	答案
你好	在吗	您好，请问有什么可以帮您
	你好	亲，很高兴为您服务
	有人吗	在呢，有什么可以为您服务
你会什么	你能做什么	我可以提供专业课程查询
	我可以问关于课程的什么问题	您可以问专业课程内容，也可以问上课信息哦

学习笔记

4）问答库构建完成后，通过“问答库体验”功能进行测试，输入相应问题，查看是否有正确的回答，如图 2-20 所示。

图 2-20　问答库体验测试

在“问答库体验”中可以方便查询到相应的 JSON 参数，如图 2-21 所示。

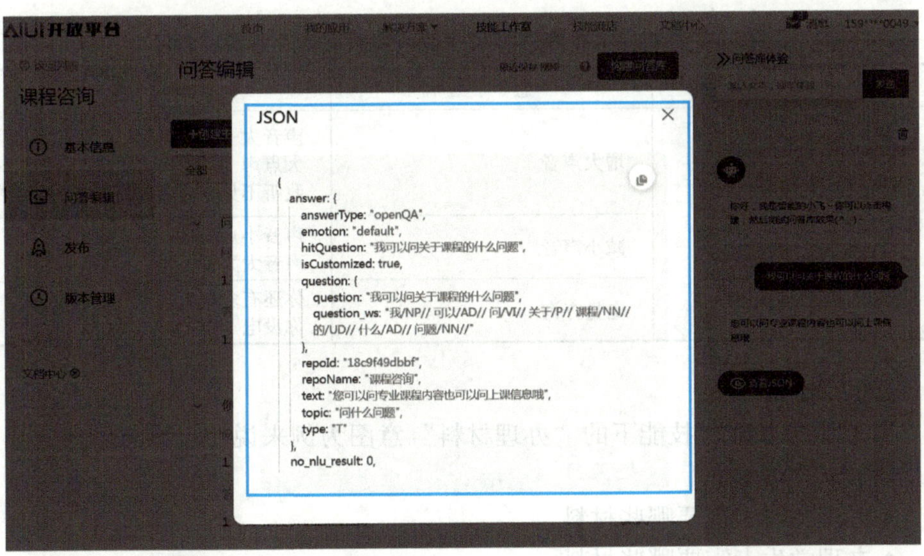

图 2-21　问答库体验测试反馈的 JSON 参数

步骤 4：技能与实体创建

（1）意图设计

语音技能是指智能硬件可以使用自然语言交流提供服务的能力，可以定义为一个技能。例如，定义“机器人控制”技能，如图 2-22 所示。

意图是指用户在技能中可能的请求或目的。用户在完成某一意图时，可能会有多种提问方式，这些提问方式统称为语料。为保证良好的用户体验，开发者需要尽可能完善用户所有的提问方式。

下面通过一个案例来说明意图。

学习笔记

图 2-22　创建意图界面

构建“机器人控制”技能，可以满足用户增大音量、减小音量、查询电量等需求。表 2-2 列举了“机器人控制”技能中调节音量功能的意图和语料案例。

表 2-2　“机器人控制”技能中调节音量功能的意图和语料

技　能	意　图	语　料
机器人控制	增大声音	声音大一点 大点声 我听不见
	减小声音	声音小点 声音太大了
	电量查询	你还有多少电 你没电了吗

（2）语料设计

以“业务办理”技能下的“办理材料”意图为例来说明。该意图中，用户的提问方式可能有：

- 办理市民卡需要哪些材料。
- 办理学生卡需要哪些材料。
- 什么材料能办理市民卡。
- 什么材料能办理学生卡。

在这些语料中，有 1 个关键槽位“办事项名称”，语义槽用花括号{}标识。将具体办事项的集合称为实体，可以在具体配置中引用。

为了提高语料配置效率，可以把上述语料抽象为：

- 办理｛todolist｝需要哪些材料。
- 什么材料能办理｛todolist｝。

以上纯文本抽象过后的语句称为“模板语料”。为了方便快速编写相似语料，模板语料提供了可选的写法，见表 2-3。

学习笔记

表 2-3　语料构建符号和解释

符　　号	释　　义
( )	必选符，不可缺省
[ ]	可选符，可缺省
{ }	语义槽
|	或

注意：一句语料中允许出现至多 5 个中括号[ ]和小括号( )。

示例：帮我（呼叫|拨打)张三［的电话|的手机],等同于：

- 帮我呼叫张三。
- 帮我拨打张三的电话。
- 帮我拨打张三的手机。

AIUI 平台上的语料构建界面如图 2-23 所示。

图 2-23　语料构建界面

（3）实体设计

语料中，同一类型的名词将被总结为实体。

示例：

- 明天苏州天气怎么样。
- 后天北京天气怎么样。

抽象成模板语料为：{time}{city} 天气怎么样。

其中，time 为时间实体，city 为城市实体。平台提供了部分较为通用的官方实体，可在语料配置中引用，如图 2-24 所示。

对于无法穷举的实体，平台提供了通配实体，可设定 1~20 个任意字符。使用时可根据具体情况设定字符个数。例如，语义槽为车牌号时，可以引用通配

学习笔记

实体，并设定通配实体字符个数为 7~8。

图 2-24 “官方实体”界面

对于官方实体无法满足的实体需求，需要我们在平台上建立自己的实体，即静态实体。

示例：我要办理｛todolist｝。

todolist 语义槽中希望填入具体的办事项名称，办事项名称有学生卡和市民卡两项。另外，对于学生卡的说法，还有校园卡、学生证等，可一并填入别名中。操作步骤为：新建实体“卡”，实体类型为静态实体；添加词条“学生卡”“市民卡”；给词条扩充别名。添加词条界面如图 2-25 所示。

图 2-25 添加词条界面

学习笔记

(4) 辅助词设计

为了满足开发者快速编写语料的需求，同时兼顾语料的可维护性，平台提出了辅助词的概念。实体和辅助词在本质上都是同一类词的集合，一些会严重影响到开发者理解的词，则倾向于使用实体去定义，另一些不太会影响理解的词，则倾向于用辅助词去定义。

在如下语料中：

- [帮我][定一下]从{上海}到{广州}的[飞机票]
- [我要][买一张]从{上海}到{广州}的[机票]
- [给我][预约]从{上海}到{广州}的[航班]

语料的主体结构没有变化，开发者实际关注的信息也只有出发地和目的地，但是用户的表达方式却千变万化，此时可以把这句话抽象成：

{helpMe}{book}从{startCity}到{endCity}的{ticket}

其中，startCity 和 endCity 为实体，helpMe、book 和 ticket 为辅助词。实体 startCity 和 endCity 可以引用官方实体。辅助词设置案例见表 2-4。

表 2-4 辅助词设置案例

辅 助 词	helpMe	book	ticket
词条	帮我	定一下	飞机票
	我要	买一张	机票
	给我	预约	航班
	我想	购买	客机

AIUI 平台上的语料及实体和辅助词构建示例如图 2-26 和图 2-27 所示。

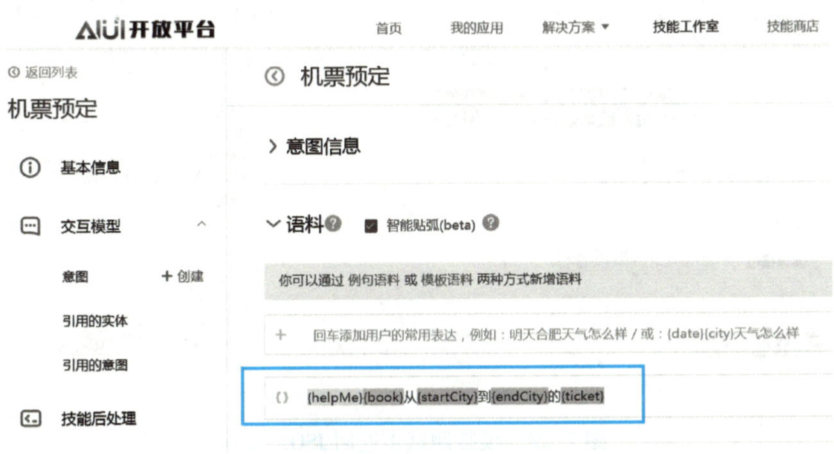

图 2-26 语料构建示例

步骤 5：模拟测试

以机票预定的自定义技能为例，可以在 AIUI 平台界面右侧的“技能体验”中进行模拟测试，测试技能能否成功实现。

测试输入 1：“帮我定一下从上海到北京的飞机票”。

学习笔记

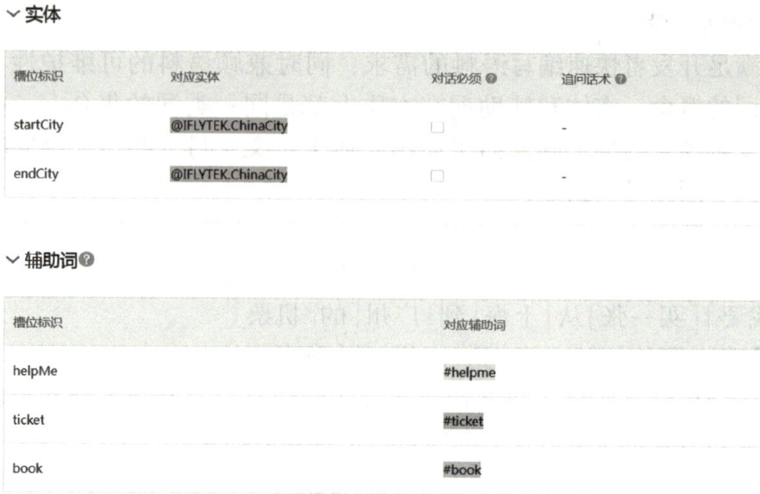

图 2-27 实体和辅助词构建示例

返回意图：book。

JSON 中地点值：上海、北京。

说明测试成功，如图 2-28 所示。

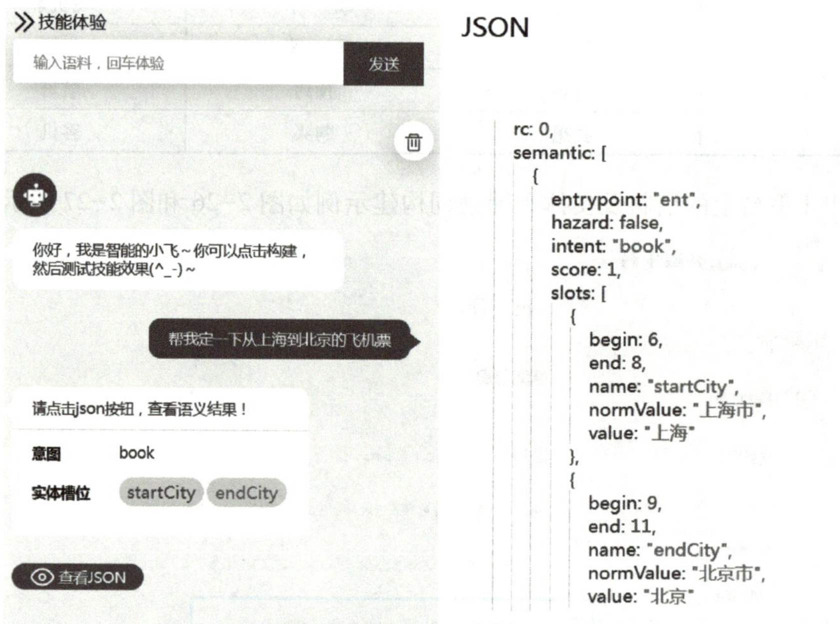

图 2-28 模拟测试 1 返回 JSON 数据

测试输入 2：“我要买一张从上海到广州的机票”。

返回意图：book。

JSON 中地点值：上海、广州。

说明测试成功，如图 2-29 所示。

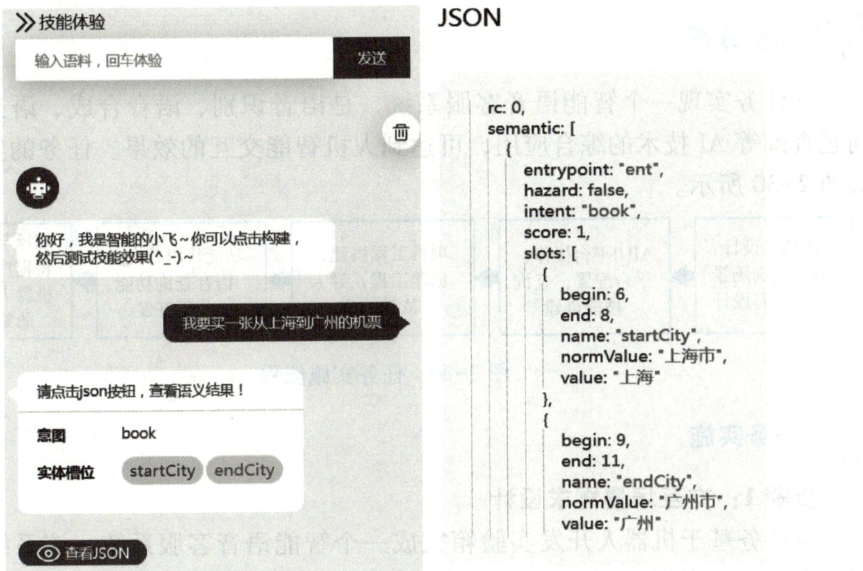

图 2-29　模拟测试 2 返回 JSON 数据

学习笔记

语音查询功能的开发实现 1

语音查询功能的开发实现 2

语音查询功能的开发实现 3

语音查询功能的开发实现 4

语音查询功能的开发实现 5

思考与拓展

1. 如何设置问答语料能提高实际说话时的识别冗余性？

2. 在意图构建中，如何处理语音识别错误的情况？如“增大”识别为“真大”。

任务 2.4　语音查询功能的开发实现

任务目标

本任务通过设计一个智能语音客服应用，使用语音识别、语音合成、语义理解、技能构建等技术，使学生了解语音查询技术如何在机器人上使用。具体任务目标如下：

1. 熟练掌握语音识别、语音合成、语义理解相关技术的使用方法。
2. 能够基于业务需求完成简单的语义设计。
3. 掌握简单的语音交互场景设计，完成语音查询应用的开发。

学习笔记

任务分析

本任务实现一个智能语音客服系统，是语音识别、语音合成、语义理解和问题查询等 AI 技术的综合应用，可达到人机智能交互的效果。任务的实施流程如图 2-30 所示。

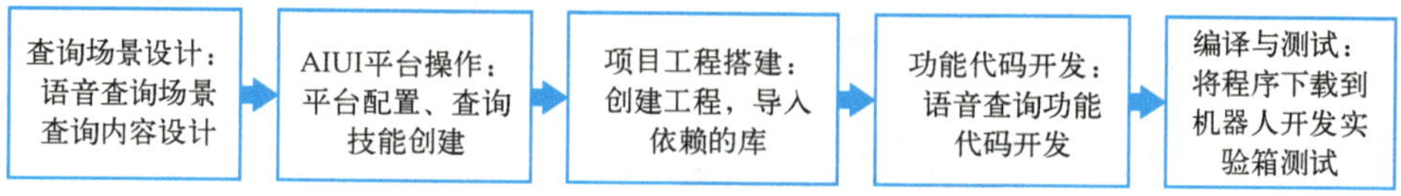

图 2-30 任务实施流程

任务实施

步骤 1：交互场景需求设计

本任务基于机器人开发实验箱完成一个智能语音客服系统，该系统围绕课程咨询场景，识别和理解用户通过语音提出的问题，并对问题进行语音回答。根据应用场景设计问答库，使系统能够支持以下场景的语音交互问答：

1）闲聊：包括天气问询、维基百科、唐诗宋词等。

2）课程咨询：包括课程描述、授课教师、教室情况等。

步骤 2：AIUI 开放平台应用添加及设置

1）完成 AIUI 开放平台的应用添加，获取应用的 APPID 和 APPKEY。

2）在应用配置界面开启应用的“语义理解”功能。

3）在应用配置界面完成商店技能“天气”“百科”“诗词对答”的添加。

4）添加自定义问答，步骤如下：

① 在“技能工作室”中添加问答库“course_qa”。

② 在问答库“course_qa”中添加问答数据，见表 2-5。

表 2-5 问答库数据

主　题	问　题	答　案
你好	在吗	您好，请问有什么可以帮您
	你好	亲，很高兴为您服务
	有人吗	在呢，有什么可以为您服务
你会什么	你能做什么	我可以查询课程信息哦
	我可以问什么问题	您可以问课程介绍以及授课安排哦

③ 在应用配置界面完成自定义问答“course_qa”的添加。

5）添加自定义技能，步骤如下：

① 根据场景在“技能工作室”中添加自定义的课程咨询技能“courses_consult”。

② 定义添加对应的意图及语料，使用户进入课程咨询技能后能根据课程名称查询对应的课程内容、授课教师、上课教室等信息。

③ 根据表 2-6～表 2-8 所示的语料、实体和辅助词设计案例，完成自定义技能课程咨询“courses_consult”的语义数据添加。

④ 在应用配置界面完成自定义技能“courses_consult”的添加。

学习笔记

表 2-6　技能、意图和语料设计

技　能	意　图	语　料
课程咨询 courses_consult	查询课程内容 content	◆ 我想了解下 Android 应用课程的信息 [{want}{Inquiry}]{courses_name}课程的信息 ◆ 能介绍下 Android 应用课程吗 ◆ 介绍下 Android 应用课程 [能|能否|能够]{introduce}{courses_name}课程 ◆ Android 应用课程是什么 {courses_name}课程是什么 ◆ Android 应用课程内容有哪些 ◆ 我想了解下 Android 应用课程的内容 [{want}{Inquiry}]{courses_name}{content}
	查询授课教师 teacher	◆ 我问下 Android 应用课程的教师是谁 ◆ Android 应用课程是谁上课 ◆ 我想查询下 Android 应用课程的授课教师是谁 ◆ Android 应用课程的教师 [{want}][{Inquiry}]{courses_name}{teacher}{who} ◆ 能帮我查下 Android 应用课程的教师吗 [{request}][帮我][{Inquiry}] {courses_name}{ teacher }
	查询上课教室 classroom	◆ Android 应用课程在哪里上 ◆ 问一下 Android 应用课程上课教室 [{want}][{Inquiry}]{courses_name}{classroom}
	课程名称 courses	◆ Android 应用 {courses_name}

表 2-7　实体设计

实 体 名	词 条 名	别　名
courses_name	Android 应用课程	安卓应用课程、Android 课程、安卓课程
	单片机应用课程	单片机课程

表 2-8　辅助词设计

辅助词名	别　名	辅助词名	别　名
want	我想	Inquiry	查询
	我要		查下
	帮我		问一下
request	请你	teacher	教师
	麻烦你		授课教师
	是否可以		上课教师
content	哪些内容	classroom	教室
	内容有哪些		在哪里上
	有些什么内容		上课教室

学习笔记

（续）

辅助词名	别　名	辅助词名	别　名
introduce	介绍下	who	是谁
	说说		是哪位
	讲一下		是哪个

6）AIUI 技能体验测试。在构建完问答库和技能后，可以通过技能体验来测试技能构建是否正确。构建的“课程咨询”技能包含 3 个意图，分别是查询上课教室、查询授课教师和查询课程内容，如图 2-31 所示。

图 2-31　“课程咨询”技能构建

构建完成的 3 个意图的语料分别如图 2-32～图 2-34 所示。

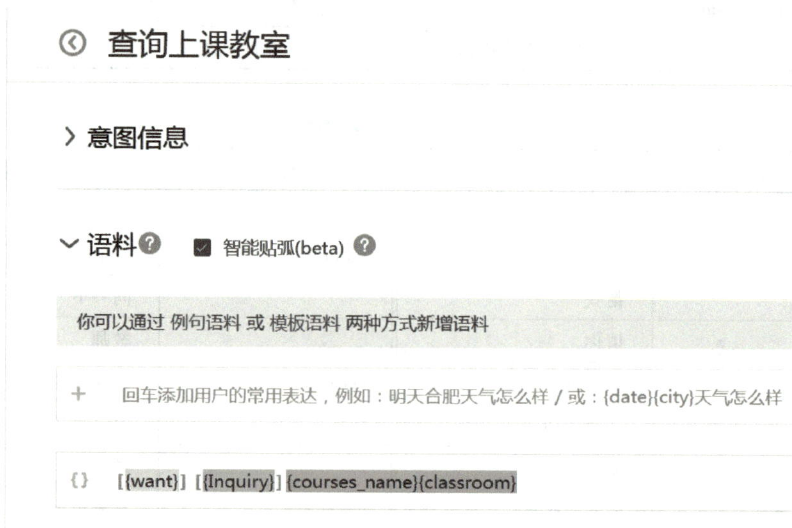

图 2-32　“查询上课教室”意图构建

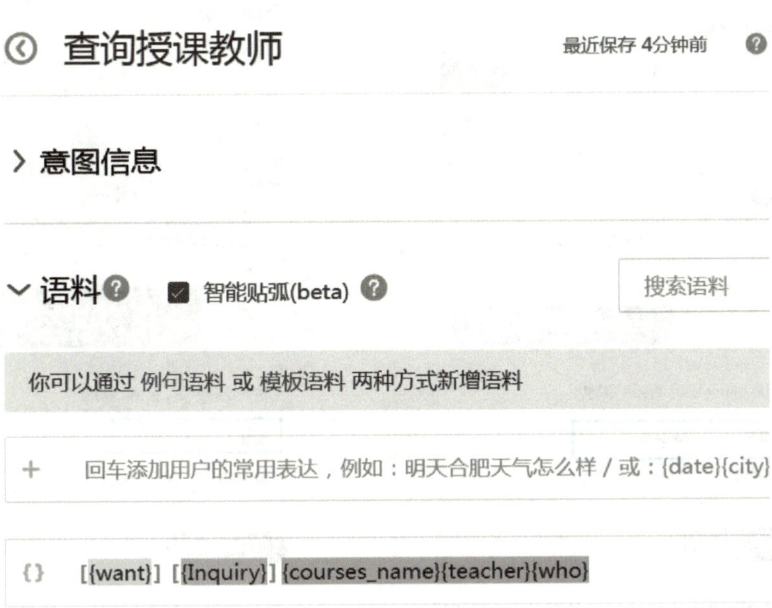

图 2-33　“查询授课教师”意图构建

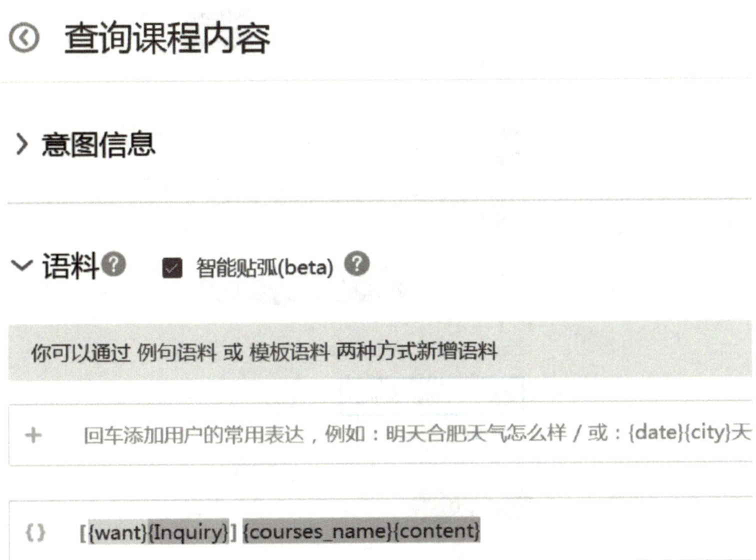

图 2-34　“查询课程内容”意图构建

在 AIUI 技能体验中分别输入以下 3 个问题：

- Android 应用课程内容有哪些？
- 我问下 Android 应用课程的教师是谁？
- Android 应用课程在哪里上？

若 3 个问题都能正确返回语义结果，且意图分别对应 content、teacher 和 classroom，说明技能构建正确。语义返回结果分别如图 2-35～图 2-37 所示。

学习笔记

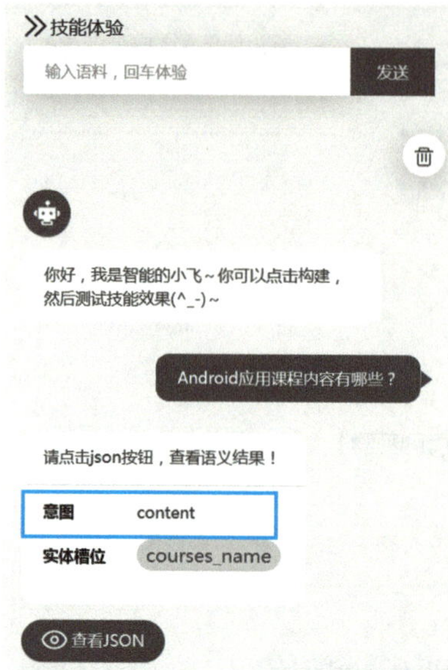

图 2-35　问题 1 的技能体验结果

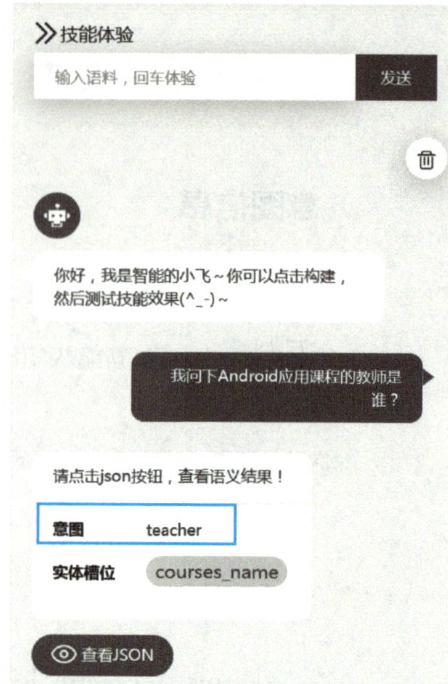

图 2-36　问题 2 的技能体验结果

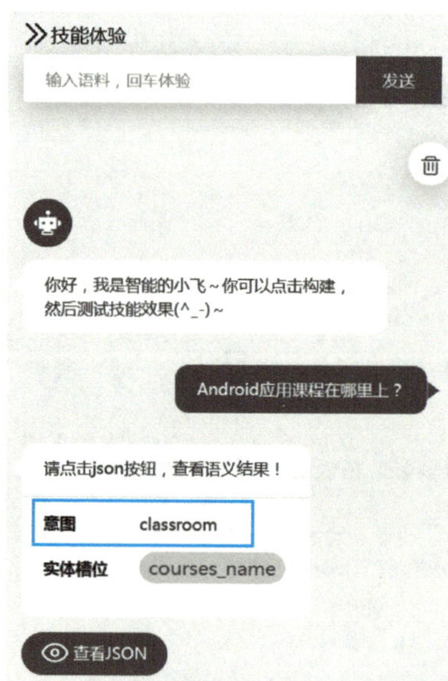

图 2-37　问题 3 的技能体验结果

步骤 3：项目工程搭建及能力包导入

参考“任务 1.3　机器人开发环境配置”中步骤 7~9，完成工程搭建和能力包导入。

步骤 4：项目 AIUI 能力导入及配置

完成了应用工程的搭建后，需要在应用工程中集成 AIUI 能力。参考“任务 2.1　语音识别功能的开发实现”中的步骤 3。

步骤 5：功能代码开发

功能代码开发包括 5 个步骤，分别为机器人能力初始化、初始化 AIUI 能

学习笔记

力、语音识别 AIUI 能力、解析处理语义指令和停止 AIUI 服务，流程如图 2-38 所示。

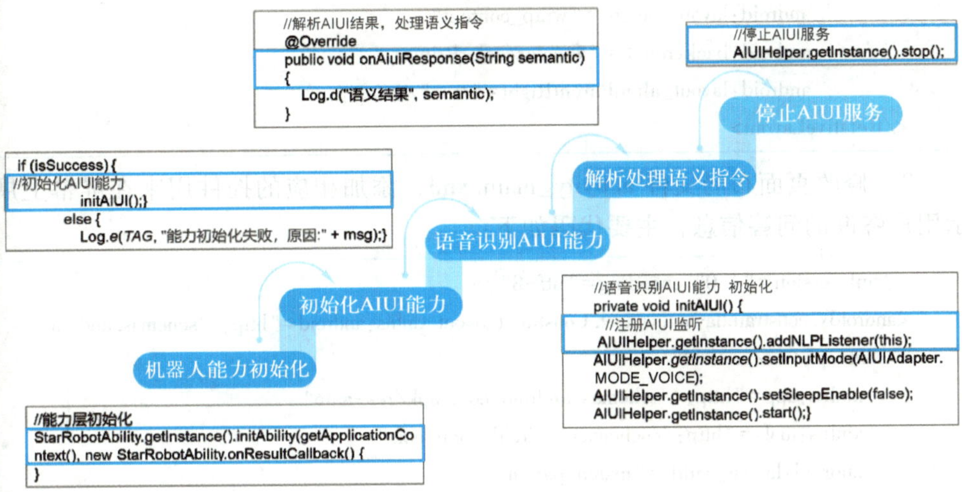

图 2-38　功能代码开发流程

语音交互过程中，语音识别和问答查询的代码开发流程如图 2-39 所示。

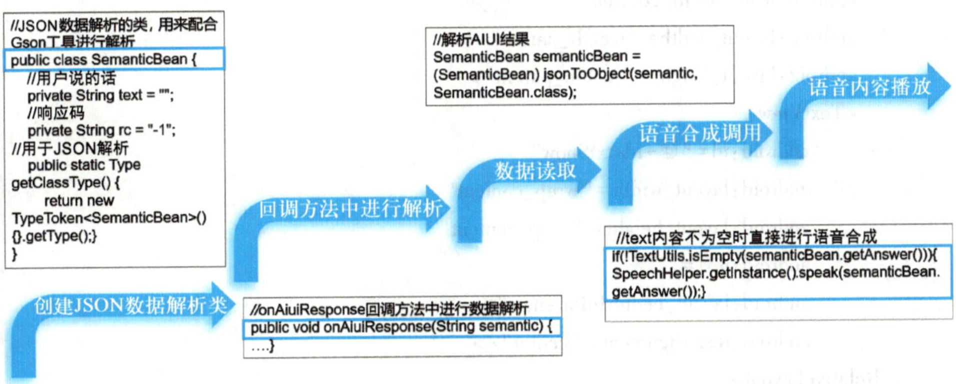

图 2-39　语音识别和问答查询的代码开发流程

（1）AIUI 能力集成

在应用工程文件 MainActivity. java 的 onCreate 中进行 AIUI 的能力初始化，并在文件中添加相应的回调方法。

（2）添加页面布局

1）添加页面布局文件 contentAdapter. xml，用来显示每一条消息信息，主要代码如下：

```
<?xml version="1.0" encoding="utf-8"?>
<RelativeLayout xmlns:android="http://schemas.android.com/apk/res/android"
    android:layout_width="match_parent"
    android:layout_height="match_parent">
    <TextView
```

学习笔记

```
            android:id="@+id/msg"
            android:layout_width="wrap_content"
            android:layout_height="wrap_content"
            android:background="@color/colorPrimary"
            android:layout_alignParentRight="true"/>
</RelativeLayout>
```

2）修改页面布局文件 activity_main.xml，添加相应的控件用来在屏幕上展示用户咨询的问答信息，主要代码如下：

```
<?xml version="1.0" encoding="utf-8"?>
<androidx.constraintlayout.widget.ConstraintLayout xmlns:android="http://schemas.android.
  com/apk/res/android"
    xmlns:app="http://schemas.android.com/apk/res-auto"
    xmlns:tools="http://schemas.android.com/tools"
    android:layout_width="match_parent"
    android:layout_height="match_parent"
    tools:context=".MainActivity">
    <RelativeLayout
    android:id="@+id/txtArea"
    android:layout_width="match_parent"
    android:layout_height="match_parent">
    <TextView
        android:id="@+id/txtShow"
        android:layout_width="wrap_content"
        android:layout_height="wrap_content"
        android:text=""
        android:layout_centerInParent="true"
        android:textAlignment="center"/>
</RelativeLayout>
    <ListView
        android:id="@+id/contentArea"
        android:layout_width="match_parent"
        android:layout_height="match_parent"
        android:visibility="gone">
    </ListView>
</androidx.constraintlayout.widget.ConstraintLayout>
```

（3）应用数据添加和解析

在应用开发过程中，应用的业务数据都是存储在后台服务器的数据库中，应用通过接口的方式调用后台服务获取业务数据。由于本任务业务数据规模较小，可以利用本地数据文件来存储相关业务数据，然后通过数据解析的方式获取数据。

1）首先，在应用工程目录“/app/src/main/assets”中添加一个数据文件，命名为 data.cfg，该文件代码如下：

学习笔记

```
{
    "courses":
    {
        "Android 应用课程":
        {
            "teacher":"张老师",
            "classroom":"第一教学楼 101 室",
            "content":"通过“Android 应用”课程的学习，可以掌握 Android 系统的基本理论知识，掌握移动应用开发的基本理论和概念。能使用常用组件进行界面设计，能完成用户交互、资源访问、数据存储等，对 Android 移动应用开发建立全面深入的了解，并能将所学知识整合运用到项目实践中。"
        },
        "单片机应用课程":
        {
            " teacher ":"李老师",
            " classroom ":"第二教学楼 102 室",
            " content ":" “单片机应用”课程介绍单片机的核心原理、基本构造和工作方式。通过该课程，学生将获得对各种常用单片机的了解，并掌握单片机开发环境的配置和使用方法。此外，课程还涉及单片机的外部设备接口技术、控制程序设计和单片机应用案例分析等内容。"
        }
    }
}
```

2）然后，在 MainActivity. java 文件中对数据文件进行解析，完成解析后将业务数据存储到全局变量中，主要代码如下：

```
/**
 * 业务数据
 */
private JSONObject mBusinessData;
    /**
     * 载入业务数据
     */
    private JSONObject loadBusinessData(){
        String data_path = "data.cfg";
        AssetManager assetManager = getResources().getAssets();
        try{
            InputStream ins = assetManager.open(data_path);
            byte[] buffer = new byte[ins.available()];
            ins.read(buffer);
            ins.close();
            String data_content = new String(buffer);
            JSONObject dataObject = new JSONObject(data_content);
```

学习笔记

```
            return dataObject;
        }
        catch (Exception e) {
            e.printStackTrace();
        }
        return null;
    }
```

3）最后，在 onCreate 方法中调用该数据解析方法，完成业务数据的初始化，主要代码如下：

```
@Override
protected void onCreate(Bundle savedInstanceState) {
    ......
    //业务数据初始化
    mBusinessData = this.loadBusinessData();
}
```

（4）添加功能代码

语义理解中的重要环节是语义结果的解析，与之前的任务不同，本任务不再使用较为繁琐的 JSON 对象转换的方式进行数据解析，而是创建一个专门用于 JSON 数据解析的类，用来配合 Gson 工具进行 JSON 数据解析。

1）首先，创建一个新文件 SemanticBean.java，文件中代码如下：

```
public class SemanticBean {
    //用户说的话
    private String text = "";
    //响应码
    private String rc = "-1";
    //服务 ID
    private String service = "";
    //语义结果
    private List<Semantic> semantic;
    //回答 有 answer 则无 semantic
    private Answer answer;
    public boolean isValid() {
        return true;
    }
    public void setInputText(String text) {
        this.text = text;
    }
    public String getInputText() {
        return text;
    }
    public String getRc() {
```

```
        return rc;
    }
    public String getService( ) {
        return service;
    }
    public void setService(String ser) {
        this.service = ser;
    }
    public String getAnswer( ) {
        String str = answer != null ? answer.text : "";
        return str;
    }
    public void setAnswer(Answer answer) {
        this.answer = answer;
    }
    public List<Semantic> getSemantic( ) {
        return semantic;
    }
    public void setSemantic(List<Semantic> semantic) {
        this.semantic = semantic;
    }
    /** end **/
    /**
     * 语义类
     */
    public static class Semantic {
        private String intent;
        private List<Slots> slots;
        public List<Slots> getSlots( ) {
            return slots;
        }
        public void setSlots(List<Slots> slots) {
            this.slots = slots;
        }
        public String getIntent( ) {
            return intent;
        }
        public void setIntent(String intent) {
            this.intent = intent;
        }
    }
    public static class Slots {
        public String name;
```

学习笔记

学习笔记

```
            public String value;
            public String normValue;
            public String getName() {
                return name;
            }
            public void setName(String name) {
                this.name = name;
            }
            public String getValue() {
                return value;
            }
            public void setValue(String value) {
                this.value = value;
            }
            public String getNormValue() {
                return normValue;
            }
            public void setNormValue(String normValue) {
                this.normValue = normValue;
            }
        }
        /**
         * 回答
         */
        public static class Answer {
            //回答的文本
            public String text;
            public String getText() {
                return text;
            }
            public void setText(String text) {
                this.text = text;
            }
        }
    }
```

2）然后，定义一个方法，用来处理课程咨询技能和自定义问答的内容显示。使用页面控件中的 ListView 控件将对话信息进行显示，同时采用语音方式进行回答，主要代码如下：

① 代码段 1：定义全局变量。

```
/**
 * 需要展示的文本数据列表
 */
```

学习笔记

```
private List<String[ ]> mDataList;
/ **
  * ListAdapter
  */
private ListAdapter mListAdapter;
/ **
  * 界面控件
  */
private ListView mListView;
private RelativeLayout mTextArea;
private TextView mShowTextView;
/ **
  * 延时处理 Handler
  */
private Handler mHandler;
```

② 代码段 2：在 onCreate 方法中添加业务数据、UI 界面及语音合成能力的初始化操作。

```
@Override
protected void onCreate(Bundle savedInstanceState) {
    super.onCreate(savedInstanceState);
    setContentView(R.layout.activity_main);
    //业务数据初始化
    mDataList = new ArrayList();
    mHandler = new Handler();
    mBusinessData = this.loadBusinessData();
    init();
    //AIUI 能力初始化
    AIUIAbility.getInstance().initAIUIAbility(this);
    AIUIAbility.getInstance().addNLPListener(this);
    AIUIAbility.getInstance().setAiuiSubType(AIUIAbility.AiuiSubType.NLP);
    AIUIAbility.getInstance().start();
    //语音合成能力初始化
    SpeechHelper.getInstance().initSpeech(this);
    SpeechHelper.getInstance().setVoicer("xiaoyan");
    initView();
}
/ **
  * 界面控件初始化
  */
private void initView() {
    mListView = (ListView)findViewById(R.id.contentArea);
    mListAdapter = new ListAdapter(mDataList);
```

学习笔记

```
        mListView.setAdapter(mListAdapter);
        mTextArea = (RelativeLayout)findViewById(R.id.txtArea);
        mShowTextView = (TextView)findViewById(R.id.txtShow);
        mShowTextView.setText("您好,请问有什么可以帮您?");
    }
```

③ 代码段 3：处理对话信息。

```
    /**
     * 处理界面显示和语音回答
     */
    private void showAnswerText(String inputText, String answerText){
        mDataList.add(new String[]{"1", inputText});
        mDataList.add(new String[]{"2", answerText});
        //取消等待处理的事件
        mHandler.removeCallbacksAndMessages(null);
        if(mListView.getVisibility() == View.GONE){
            mListView.setVisibility(View.VISIBLE);
            mTextArea.setVisibility(View.GONE);
        }
        mListAdapter.notifyDataSetChanged();
        SpeechHelper.getInstance().speak(answerText);
        mHandler.postDelayed(new Runnable() {
            @Override
            public void run() {
                SpeechHelper.getInstance().speak("请问还有什么可以帮您?");
            }
        }, 15 * 1000);
        mHandler.postDelayed(new Runnable() {
            @Override
            public void run() {
                mDataList.clear();
                mListAdapter.notifyDataSetChanged();
                mListView.setVisibility(View.GONE);
                mTextArea.setVisibility(View.VISIBLE);
            }
        }, 20 * 1000);
}

    public class ListAdapter extends BaseAdapter{
        List<String[]> mTiles;
        public ListAdapter(List<String[]> titles){
            this.mTiles = titles;
        }
        @Override
```

学习笔记

```
    public int getCount() {
        return mTiles.size();
    }
    @Override
    public Object getItem(int i) {
        return mTiles.get(i);
    }
    @Override
    public long getItemId(int i) {
        return i;
    }
    @Override
    public View getView(int i, View view, ViewGroup viewGroup) {
        view = LayoutInflater.from(getApplicationContext()).inflate(R.layout.content
          _adapter, viewGroup, false);
        TextView titleView = view.findViewById(R.id.msg);
        String type = mTiles.get(i)[0];
        String title = mTiles.get(i)[1];
        titleView.setText(title);
        if(TextUtils.equals("1", type)){
            RelativeLayout.LayoutParams layoutParams = new RelativeLayout.
                    LayoutParams(RelativeLayout.LayoutParams.WRAP_CONTENT,
                    RelativeLayout.LayoutParams.WRAP_CONTENT);
            layoutParams.addRule(RelativeLayout.ALIGN_PARENT_LEFT);
            titleView.setLayoutParams(layoutParams);
        }
        return view;
    }
}
```

3）业务逻辑处理（课程咨询等）。定义一个新方法，用来处理自定义技能的相关功能逻辑，包括用户对课程咨询和订单查询等语义的处理，主要代码如下：

```
/**
 * 处理自定义技能
 * @param semanticBean
 */
private void handleShopSkill(SemanticBean semanticBean) {
    switch (semanticBean.getService()) {
      case "OS11141539778.courses_qa":            //课程咨询
            handleCoursesConsult(semanticBean);
            break;
    //case "OS8501282703.order_inquiry":          //可扩展其他查询
```

学习笔记

```
            //      break;
        }
    }
    /**
     * 处理课程咨询
     */
    private void handleCoursesConsult(SemanticBean bean) {
        SemanticBean.Semantic semantic = bean.getSemantic().get(0);
        SemanticBean.Slots courses_slot = semantic.getSlots().get(0);
        String courses_name = courses_slot.getNormValue();
        try {
            JSONObject coursesObject = mBusinessData.optJSONObject("courses");
            if(coursesObject.has(courses_name)) {
                JSONObject dataObject = coursesObject.optJSONObject(courses_name);
                switch (semantic.getIntent()) {
                    case "content":
                        String content = dataObject.getString("content");
                        showAnswerText(bean.getInputText(), content);
                        break;
                    case "teacher":
                        String teacher = dataObject.getString("teacher");
                        showAnswerText(bean.getInputText(), courses_name + "的
                          授课教师是"+teacher);
                        break;
                    case "classroom":
                        String classroom = dataObject.getString("classroom");
                        showAnswerText(bean.getInputText(), courses_name + "上
                          课地点在"+classroom);
                        break;
                }
            }
            else{
                showAnswerText(bean.getInputText(), "对不起,没有查询到您要咨
                  询的课程信息!");
            }
        }
        catch (Exception e) {
            e.printStackTrace();
        }
    }
```

4）在 AIUI 的 onAiuiResponse 回调方法中进行语义数据解析，根据语义指令调用相应的方法进行处理，主要代码如下：

学习笔记

```
/ **
  * 解析 AIUI 结果，处理语义指令
  */
    @Override
    public void onAiuiResponse(String s) {
        Log.i("test", "test" + s);
        try{
            JSONObject jsonObject = new JSONObject(s);
            Gson gson = new Gson();
            SemanticBean semanticBean = (SemanticBean)gson.fromJson(jsonObject.
              getString("intent"), SemanticBean.class);
            if(null == semanticBean){
                return;
            }
            if(!TextUtils.isEmpty(semanticBean.getAnswer())){
                showAnswerText(semanticBean.getInputText(), semanticBean.
                  getAnswer());
            }
            else if(!TextUtils.isEmpty(semanticBean.getService())){
                //自定义技能处理
                handleShopSkill(semanticBean);
            }
        }
        catch (Exception e){
            e.printStackTrace();
        }
    }
```

步骤 6：应用权限申请

应用获得权限的方式有动态权限申请和平台签名，本次任务采用平台签名的方式获得权限。具体的操作参考“任务 1.3　机器人开发环境配置”中的步骤 10。

步骤 7：功能测试

将机器人开发实验箱与计算机通过 USB 连接线进行连接，然后将应用下载到机器人开发实验箱运行。

当应用运行时，按照表 2-9 所示的测试用例对应用功能进行测试，查看运行效果。如果都能得到正确的反馈，说明任务已经达到预期效果。测试界面如图 2-40 所示。

表 2-9　测试用例

测试方式	测试步骤	预期反馈
启动应用	应用启动后，查看应用界面	应用正常运行，界面显示文本“请问有什么可以帮您?”

学习笔记

（续）

测试方式	测 试 步 骤	预 期 反 馈
语音输入	“今天天气怎么样?”	语音回答天气情况，界面以对话方式显示天气情况文本信息
	“来一首李白的静夜思”	语音阅读诗词“静夜思”，界面显示文本信息
	“有人吗?”	语音回答“在呢，有什么可以为您服务”，界面显示相应文本信息
	“你能做什么”	语音回答“我可以查询课程信息哦”，界面显示相应文本信息
	“Android 应用课程内容有哪些?”	语音播放“Android 应用课程”的介绍，界面显示相应文本信息
	“单片机应用课程有哪些内容”	语音播放“单片机应用课程”的介绍，界面显示相应文本信息
	“Android 应用课程的教师是谁?”	语音回答“Android 应用课程”的授课教师，界面显示相应文本信息
	“单片机应用课程在哪里上?”	语音回答“单片机应用课程”的上课教室信息，界面显示相应文本信息

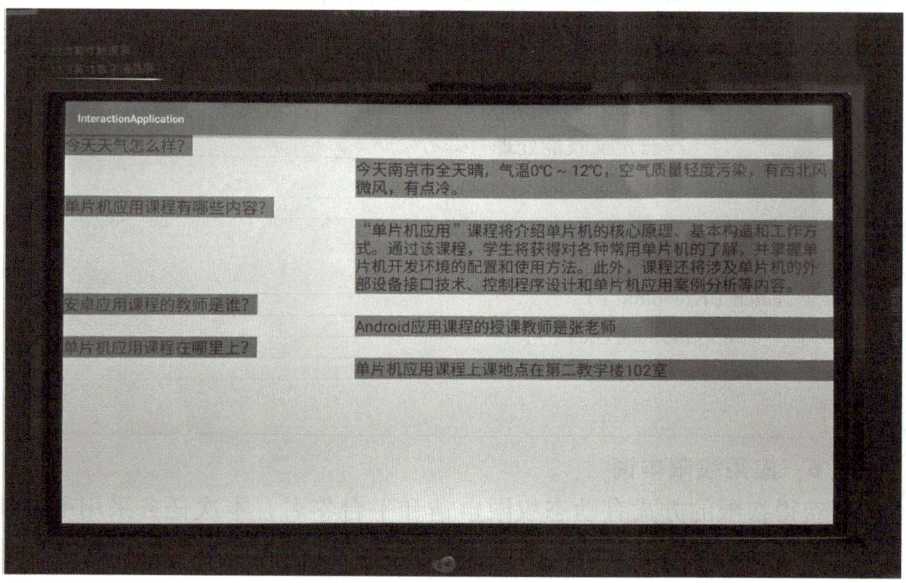

图 2-40 实验箱测试运行结果

思考与拓展

1. 任务中使用了固定的 data.cfg 数据文件，如何实现接入动态数据库的信息查询？写出代码。

2. 尝试接入公共天气 API 进行天气查询功能的开发。写出关键代码。

学习笔记

项目评价

班级		姓名		学号		日期	

自我评价

评价项目	评价内容	权重	A	B	C	D
知识掌握	掌握语音识别、语音合成、语义理解设计流程	0.1				
	掌握语音识别、语音合成、语义理解方法调用	0.1				
能力提升	能够在平台上进行问答库创建与设置	0.1				
	能够在平台上进行技能（实体）的创建与设置	0.1				
	能够进行语音交互场景设计，并能完成语音交互智能应用的开发	0.15				
	能够在机器人开发实验箱、机器人本体上完成智能应用的开发与调试	0.15				
素养养成	态度端正，无缺席、迟到、早退现象	0.1				
	与小组成员、同学之间能沟通交流，协作工作	0.1				
	能按照 6S 规范标准做到整理整顿、清扫清洁、注意素养、安全操作	0.1				

小组评价

评价项目	评价内容	权重	A	B	C	D
参与态度	在小组讨论中积极发言，主动操作调试	0.4				
协作精神	能积极配合小组成员完成工作任务	0.3				
能力提高	完成任务过程中能力有提升，学习有收获	0.3				

教师评价

评价项目	评价内容	权重	A	B	C	D
能力包调用程序编写	功能流程实施正确	0.1				
	软（硬）件操作熟练	0.1				
	平台设置正确	0.1				
	正确调用能力包	0.1				
	正确编写代码	0.1				

学习笔记

（续）

教师评价						
评价项目	评价内容	权重	A	B	C	D
模拟调试测试运行	功能调试正确	0.05				
	机器人操作规范	0.05				
	机器人运行正确	0.05				
	问题分析及解决记录	0.05				
	完成速度	0.05				
职业素养	设计创新能力	0.05				
	团队协作能力	0.05				
	汇报交流能力	0.05				
操作规范	工位收拾整齐	0.05				
	安全操作	0.05				

学习笔记

项目 3 智能识别功能开发与应用

项目描述

本项目为智能识别功能开发和应用，分为人脸识别、证件文字识别和人证合一 3 个任务。人脸识别任务中，通过使用讯飞开放平台 MSC 人脸识别能力，开发一个简单的人脸识别应用程序。证件文字识别任务中，使用讯飞开放平台文字识别能力，开发一个简单的身份证文字识别应用程序。人证合一任务中，使用身份证扫描仪的身份和人脸信息读取能力，开发一个人脸识别程序。

学习目标

知识目标：

1. 掌握讯飞开放平台账号申请、应用创建及配置方法。
2. 掌握讯飞开放平台 MSC 人脸识别能力调用方法。
3. 掌握讯飞开放平台身份证识别 Web API 的使用方法。

能力目标：

1. 能够参考接口文档调用人脸识别相关的 API。
2. 能够参考接口文档调用证件识别 Web API。
3. 能够对识别功能进行开发与调试。

素质目标：

1. 增强团队协作解决问题的意识。
2. 增强程序设计的逻辑性和严谨性。

学习载体

硬件环境	实验箱	机器人开发实验箱
	机器人	服务机器人本体
	本地计算机	CPU：酷睿 i3 四代 2.0 GHz 以上 内存：4 GB 以上
软件环境	开发语言	Java
	开发工具	Android Studio 3.0.1 以上、ADB（1.0.40 版本）、JDK 1.8
	开放平台	AIUI 开放平台，讯飞开放平台

学习笔记

（续）

依赖模块/库	能力包	机器人基础能力包：commonAbility-release. aar 机器人日志辅助包：starrobot-logability. aar AIUI 能力包：aiuilibrary-release. aar 封装的 MSC 能力包：mscability-release. aar MSC 依赖的 jar：Msc. jar

知识链接

1. 视觉识别概念

服务机器人具有能听、会说、能看的能力，其中能看就是利用视觉技术实现对周围环境的感知。视觉识别通常应用于人脸识别、相似图识别、光学字符识别、证件识别等场景。

2. 视觉识别关键技术

视觉识别是一种将人类视觉能力赋予机器的学科，它涵盖了图像识别、图像处理、模式识别等多个环节。

（1）人脸识别

人脸识别是一种基于人的脸部特征信息进行身份识别的生物识别技术。人脸识别系统主要有四个组成部分：人脸图像采集及检测、人脸图像预处理、人脸图像特征提取以及人脸检索与识别，如图 3-1 所示。

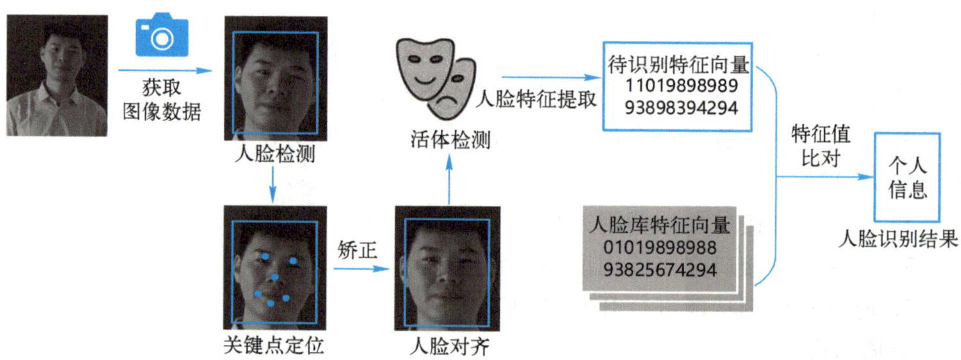

图 3-1　人脸识别技术步骤

1）人脸图像采集及检测：人脸图像通过摄像头采集，人脸检测是在图像中准确标定出人脸的位置和大小。从照片中找出人脸的位置，以图像左上角为坐标原点，分别记录下人脸框左上角和右下角的坐标，并将人脸部分裁剪出来。

2）人脸图像预处理：基于人脸检测结果对图像进行处理，主要为人脸对齐操作，用于特征提取过程。当摄像设备获得的人脸不是正脸角度时，需要将图像中的人脸姿态进行矫正。通过人脸关键点检测得到人脸的关键点坐标，以此来调整人脸的角度使人脸对齐，如图 3-2 所示。

3）人脸图像特征提取：人脸识别系统可使用的特征通常分为视觉特征、像素统计特征、人脸图像变换系数特征、人脸图像代数特征等。根据人脸对齐中定位的多个关键点计算人脸特征向量。

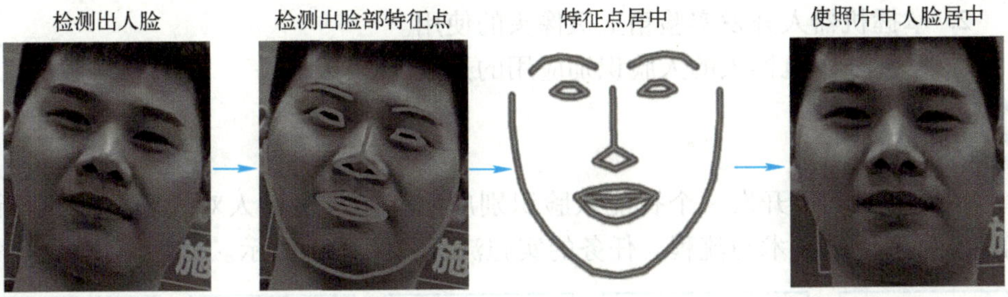

图 3-2　人脸对齐步骤

4）人脸检索与识别：将人脸图像的特征数据与数据库中存储的特征模板进行搜索匹配，当相似度超过设定阈值时，则把匹配得到的结果输出。

（2）光学字符识别

光学字符识别（Optical Character Recognition，OCR）是一种将图片、PDF 文件或扫描件中的文字转换成计算机可编辑文本的技术，如图 3-3 所示。OCR 的应用场景有卡片证件识别、文档文字识别、票据文字识别、自然场景文字识别等。

图 3-3　OCR 示意图

传统 OCR 技术路线可分为图像预处理、文字检测、文本识别、文字后处理等步骤，如图 3-4 所示。其中，预处理是对包含文字的图像进行彩色图像灰度化、二值化处理等，以便后续进行特征提取和学习；文字检测又称字符切割，是将图像中的文字分割成单个文字；文本识别是 OCR 通过学习样本后，对字符进行正确识别；后处理步骤包含版面恢复、识别校正等文字处理操作，用于在 OCR 识别出了字符后，将字符有效连接起来输出。

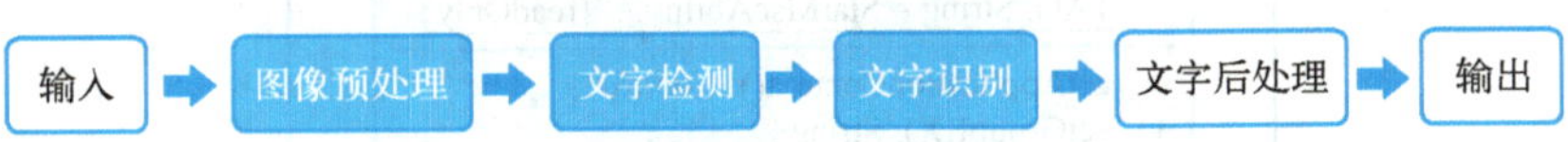

图 3-4　典型 OCR 技术步骤

任务 3.1　人脸识别功能开发实现

任务目标

本任务通过使用讯飞开放平台的 MSC 人脸识别能力，利用人脸验证与人脸检索应用，结合服务机器人的摄像头拍照功能，开发一个简单的人脸识别应用程序，让学生了解人脸识别技术在机器人上的应用，以及应用开发步骤。具体任务目标如下：

1. 了解讯飞开放平台 MSC 的人脸识别技术。

学习笔记

人脸识别功能开发实现 1

人脸识别功能开发实现 2

学习笔记

2. 掌握机器人开发实验箱上摄像头的使用。

3. 掌握基于机器人的人脸识别应用的开发。

任务分析

本任务是通过开发一个智能人脸识别应用，完成机器人对人脸的注册与识别，掌握具体的技术与流程。任务的实施流程如图 3-5 所示。

图 3-5　任务实施流程

能力接口方法提示

本任务中，人脸识别能力使用的是讯飞开放平台提供的 MSC 能力。同时将 MSC 能力与机器人平台进行结合，通过机器人摄像头采集数据并检测是否有人脸，再进行人脸识别检索。

（1）MSC 能力包

1）能力包名称：mscability-release. aar。

2）包名：com. starway. starrobot. mscability. StarMscAbility。

StarMscAbility 类设计如图 3-6 所示。

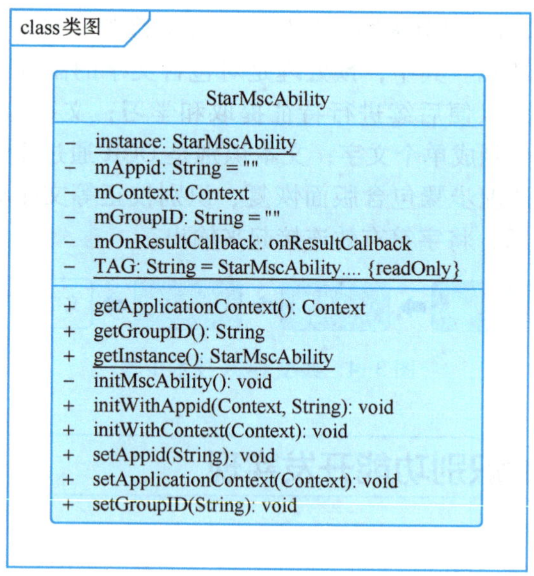

图 3-6　StarMscAbility 类设计

3）功能接口说明：

◆ 单例接口

接口名称：getInstance

传入参数：无

学习笔记

返回结果：MSC 能力类对象（StarMscAbility）

◆ 能力初始化接口

接口名称：initWithAppid

传入参数：

参数名称	参数类型	备　注
ctx	packageContext	上下文
appid	String	MSC appid

返回结果：void

接口说明：机器人的 MSC 能力初始化，需要去 MSC 云平台注册 APPID，同时需要集成 msc. jar SDK。

示例代码如下：

```
StarMscAbility. getInstance( ). initWithAppid( getApplicationContext( ), Constant. SPEECH_
APP_ID);
```

◆ 设置人脸 GroupID

接口名称：setGroupID

传入参数：

参数名称	参数类型	备　注
groupID	String	人脸 GroupID

返回结果：void

接口说明：GroupID 为人脸识别人脸组 ID，在 SDK 中提供人脸组创建方法。

（2）人脸组操作接口

1）能力包名称：mscability-release1. 0. 1. aar。

2）包名：com. starway. starrobot. mscability. FaceGroupHelper。

FaceGroupHelper 类设计如图 3-7 所示。

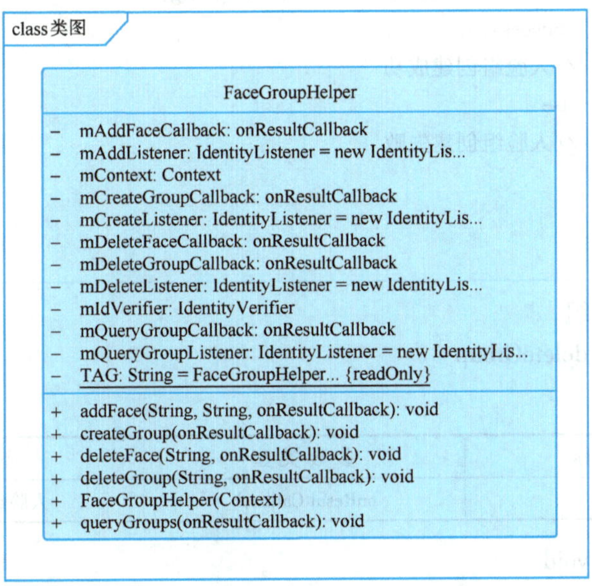

图 3-7　FaceGroupHelper 类设计

学习笔记

3）功能接口说明：

◆ 构造函数

接口名称：FaceGroupHelper

传入参数：

参数名称	参数类型	备　注
ctx	packageContext	上下文

返回结果：人脸组操作对象（FaceGroupHelper）

示例代码如下：

```
//初始化人脸组
FaceGroupHelper faceGroupHelper = new FaceGroupHelper(mContext);
```

◆ 创建人脸组

接口名称：createGroup

传入参数：

参数名称	参数类型	备　注
callback	onResultCallback	人脸组创建回调

返回结果：void

接口说明：人脸组创建为异步操作，创建完成后请牢记，下次可直接使用。

示例代码如下：

```
//创建结果处理
faceGroupHelper.createGroup(new
FaceGroupHelper.onResultCallback() {
    @Override
    public void onResult(boolean isSuccess, String msg) {
        if (isSuccess) {
            //人脸组创建成功
        } else {
            //人脸组创建失败
        }
    }
});
```

◆ 删除人脸组

接口名称：deleteGroup

传入参数：

参数名称	参数类型	备　注
callback	onResultCallback	人脸组删除回调

返回结果：void

接口说明：人脸组删除同时会删除所有人脸信息，请谨慎操作。

学习笔记

示例代码如下：

```
//查询组结果处理
faceGroupHelper. deleteGroup( groupId, new
FaceGroupHelper. onResultCallback( ) {
    @Override
    public void onResult( boolean isSuccess, String msg) {
        if (isSuccess) {
            //删除组成功
        } else {
            //删除组失败
        }
    }
});
```

(3) 人脸注册接口

1) 能力包名称：mscability-release1. 0. 1. aar。

2) 包名：com. starway. starrobot. mscability. FaceRegisterHelper。

FaceRegisterHelper 类设计如图 3-8 所示。

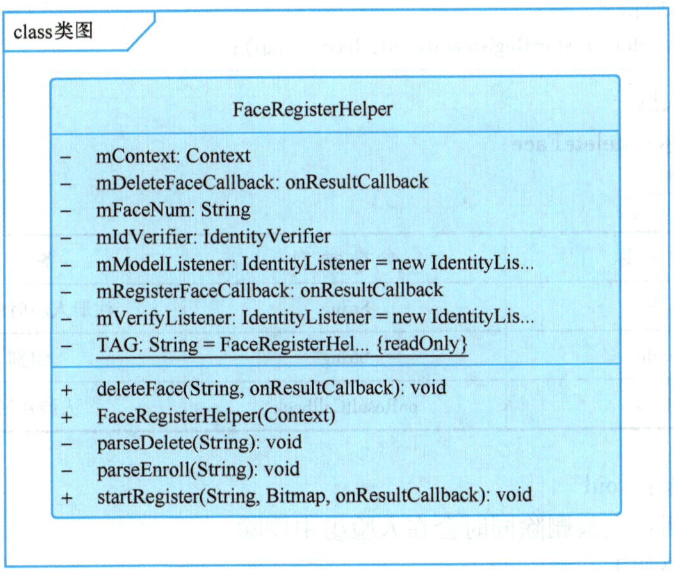

图 3-8　FaceRegisterHelper 类设计

3) 功能接口说明：

◆ 构造函数

接口名称：FaceRegisterHelper

传入参数：

参数名称	参数类型	备注
ctx	packageContext	上下文

学习笔记

返回结果：人脸注册对象（FaceRegisterHelper）

示例代码如下：

```
//初始化人脸注册服务
FaceRegisterHelper faceRegisterHelper = new FaceRegisterHelper(context);
```

◆ 注册人脸

接口名称：startRegister

传入参数：

参数名称	参数类型	备　注
userId	String	人脸唯一标示
faceBitmap	Bitmap	人脸图像
callback	onResultCallback	人脸注册回调

返回结果：void

接口说明：人脸注册后将自动添加到人脸组，请确保人脸 ID 的唯一性。

示例代码如下：

```
//注册人脸信息
faceRegisterHelper.startRegister(userId, faceBitmap);
```

◆ 删除人脸

接口名称：deleteFace

传入参数：

参数名称	参数类型	备　注
faceId	String	注册人脸时的唯一 ID
groupId	String	组别 ID
callback	onResultCallback	人脸注册回调

返回结果：void

接口说明：人脸删除同时会在人脸组中删除。

示例代码如下：

```
//删除人脸到组结果处理
faceGroupHelper.deleteFace(faceId, groupId, new
FaceGroupHelper.onResultCallback() {
    @Override
    public void onResult(boolean isSuccess, String msg) {
        if (isSuccess) {
            //删除人脸成功
        } else {
            //删除人脸失败
```

学习笔记

```
        }
    }
});
```

(4) 人脸识别接口

1) 能力包名称：mscability-release1. 0. 1. aar。

2) 包名：com. starway. starrobot. mscability. FaceDetectHelper。

FaceDetectHelper 类设计如图 3-9 所示。

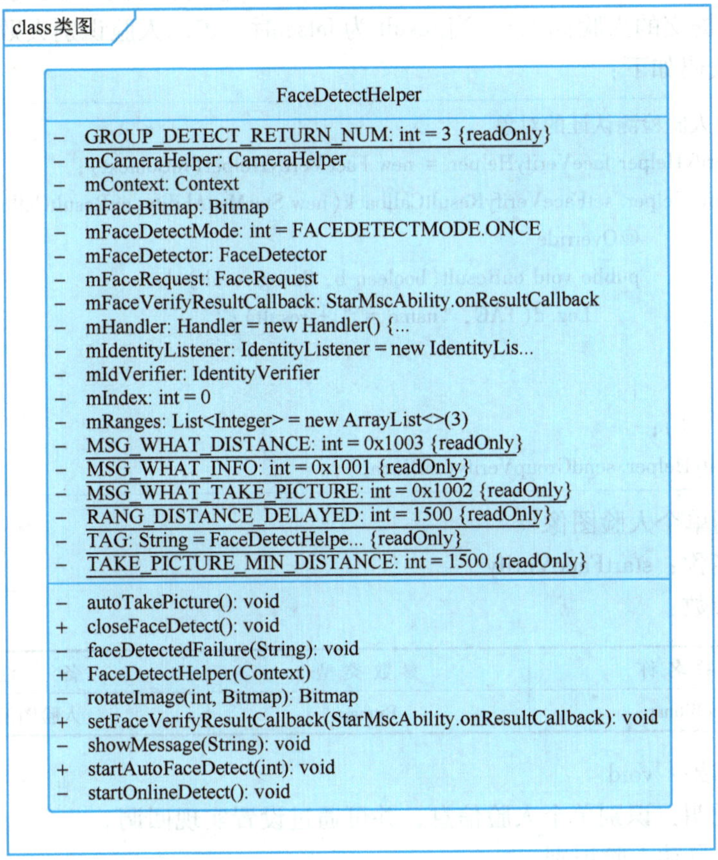

图 3-9　FaceDetectHelper 类设计

3) 功能接口说明：

◆ 构造函数

接口名称：FaceDetectHelper

传入参数：

参 数 名 称	参 数 类 型	备　注
ctx	packageContext	上下文

返回结果：人脸识别对象（FaceDetectHelper）

◆ 设置人脸识别回调

接口名称：setFaceVerifyResultCallback

学习笔记

传入参数：

参数名称	参数类型	备注
callback	onResultCallback	人脸识别回调

返回结果：void

接口说明：识别结果通过该回调返回，返回参数 result 为人脸识别结果。当 result 为 true 且 msg 为空时，表示图片中检测到了人脸，但没有匹配到人脸库中的人脸信息；当 result 为 true 且 msg 不为空时，msg 的值表示匹配到的人脸结果（即注册时提交的人脸标识）。当 result 为 false 时，表示人脸识别失败的信息。

示例代码如下：

```
//创建人脸检测认证的对象
FaceVerifyHelper faceVerifyHelper = new FaceVerifyHelper(mContext);
faceVerifyHelper.setFaceVerifyResultCallback(new StarMscAbility.onResultCallback() {
        @Override
        public void onResult(boolean b, String result) {
            Log.d(TAG, "name = " + result);
            }
        }
    });
faceVerifyHelper.sendGroupVerify(mBitmap);
```

◆ 识别单个人脸图像

接口名称：startFaceVerify

传入参数：

参数名称	参数类型	备注
faceBitmap	Bitmap	人脸图像

返回结果：void

接口说明：识别单个人脸信息，并可通过设置实现回调。

◆ 开启自动人脸识别

接口名称：startAutoFaceDetect

传入参数：

参数名称	参数类型	备注
mode	int	模式 0：人脸识别（单次） 模式 1：人脸识别（连续）
frameLayout	FrameLayout	人脸预览控件

返回结果：void

接口说明：人脸识别回调返回 false 表示没有识别；返回 true 表示识别到人脸；msg 返回为空表示识别到人脸但人脸没有注册。

任务实施

学习笔记

步骤 1：讯飞开放平台能力注册

本任务开发的人脸识别功能应用是基于讯飞开放平台提供的人脸识别（MSC）能力包。首先，利用前导项目注册的讯飞开放平台账号，完成平台上相关能力注册，具体流程如下：

1）进入“我的应用”界面，查看 APPID 等应用信息。在界面左侧栏中单击“其他”选项，在弹出的界面中选择“人脸验证与检索”的服务，如图 3-10 和图 3-11 所示。

图 3-10　应用界面

图 3-11　人脸验证与检索功能界面

2）单击“SDK 下载”按钮，下载开放平台的 MSC 能力包，如图 3-12 所示。

步骤 2：项目工程搭建及能力包导入

参考“任务 1.3　机器人开发环境配置”中步骤 7~9，完成工程搭建和能力包导入。

学习笔记

图 3-12　SDK 能力包下载界面

步骤 3：项目 MSC 能力导入

完成工程项目搭建后，需要在工程中集成开放平台的 MSC 能力，具体步骤如下：

1）将 MSC 能力包文件 mscability-release. aar 复制到项目工程目录“/app/libs”文件夹中。

2）解压从讯飞开放平台下载的人脸识别 SDK 能力包，在 libs 文件夹下找到 Msc. jar 文件，复制到项目工程目录“/app/libs”文件夹中。

3）将 SDK 能力包 libs 文件夹下的整个 armeabi 文件夹复制到工程目录“/app/src/main/jniLibs”文件夹中（若没有这个目录，需要自己创建）。文件复制完成后的整体目录结构如图 3-13 所示。

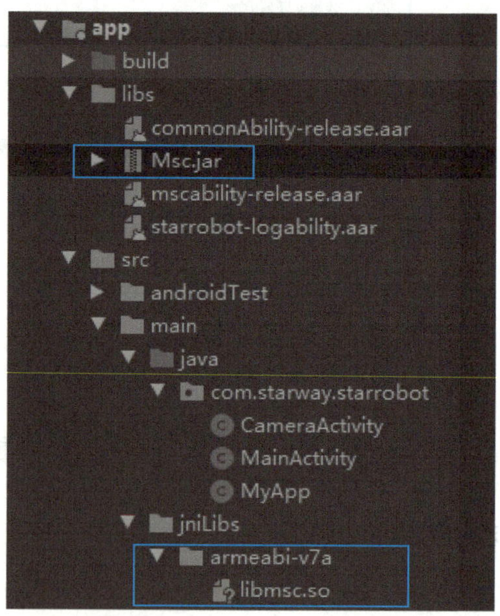

图 3-13　“/app/libs”文件目录

学习笔记

4）完成 SDK 的集成后，需要编译配置文件，进行能力包的导入配置。打开 app 目录下的 build. gradle 文件添加配置程序，如图 3-14 所示的方框位置代码。

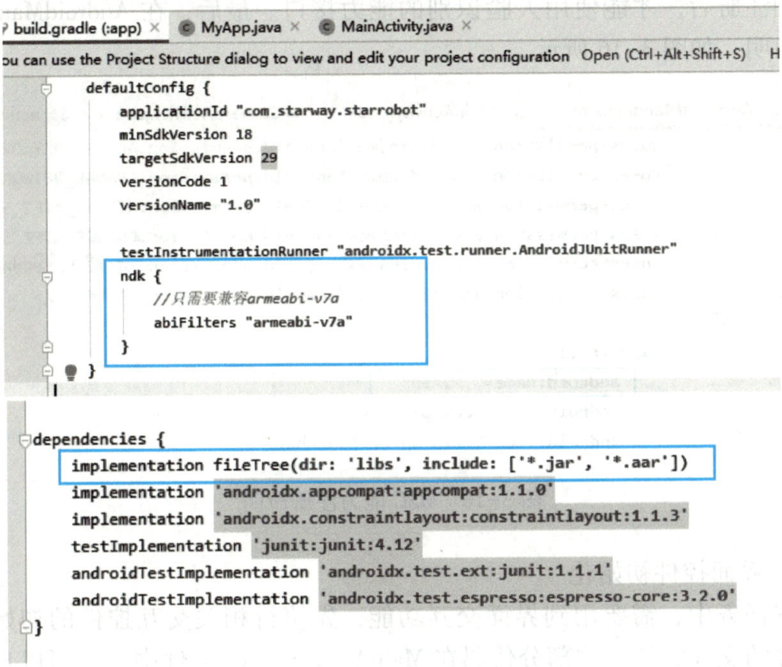

图 3-14　在 build. gradle 文件中添加配置代码

步骤 4：功能代码开发

本任务中利用 MSC 人脸识别能力包进行人脸识别功能开发，主要分为 5 个步骤：MSC 能力注册、界面控件初始化、人脸组操作、人脸信息注册和人脸识别，如图 3-15 所示。

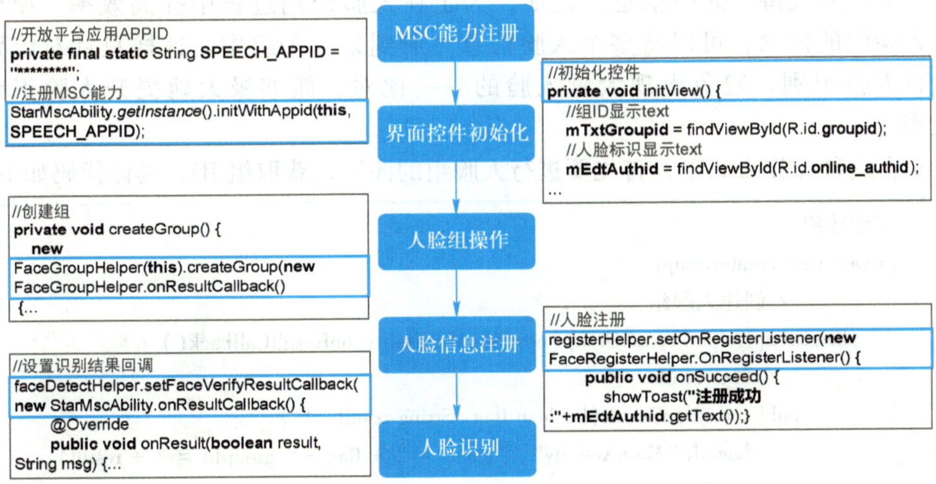

图 3-15　人脸识别功能代码开发步骤

学习笔记

（1）MSC 能力注册

首先，在应用工程新建一个自定义的 Application，文件名称为 MyApp. java。然后，在 MyApp. java 文件的 onCreate 中进行开放平台 MSC 能力的注册，只有完成了能力的注册后，才能使用人脸识别的能力接口。最后，在 AndroidManifest. xml 中添加声明，如图 3-16 所示。

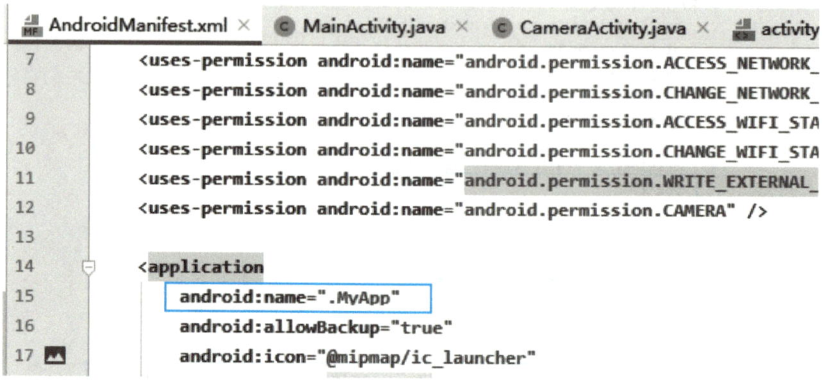

图 3-16　MSC 能力注册声明

（2）界面控件初始化

在本任务中，需要用到界面交互功能，先执行相关交互控件的初始化，并定义控件的交互方法。这部分代码在 MainActivity. java 文件中，也可以自己新建一个 java 类，完成类似功能。MainActivity 类的定义代码如下：

```
public class MainActivity extends AppCompatActivity implements View. OnClickListener {
    …
}
```

（3）人脸组操作

本任务支持多人脸信息的注册，为了在人脸识别过程中提高效率，使用了人脸组的概念，可以将多个人脸信息注册到某一个组中。这样只针对组别进行人脸识别，避免出现大量人脸的一一比对，能够极大地提升人脸识别效率。

在这种操作方式下，首先要进行人脸组的注册，获取组 ID，具体代码如下：

```
//创建组
private void createGroup() {
        // 创建人脸组
    faceGroupHelper. createGroup(new StarMscAbility. onResultCallback() {
        @Override
        public void onResult(boolean flag, String result) {
            Log. d("MainActivity", "result = " + flag + " groupId = " + result);
            if (flag) {
                mGroupId = result;
                mTxtGroupid. setText(result);
```

学习笔记

```
                showToast("创建组成功:" + result + "-请牢记你的 GroupId!!!");
            } else {
                showToast("创建组失败:" + result);
            }
        }
    });
}
```

一个应用支持多个组，但是有个数限制。当创建的组数量较多时，需要释放一些，可以使用组的删除功能，具体代码如下：

```
// 删除组
private void deleteGroup(String groupid) {
    if (mGroupId.equals("")) {
        showToast("Please Create GroupId Frist");
        return;
    }
    faceGroupHelper.deleteGroup(groupid, new StarMscAbility.onResultCallback() {
        @Override
        public void onResult(boolean flag, String result) {
            if (flag) {
                mTxtGroupid.setText("");
                showToast("删除组成功");
            } else {
                showToast("删除组失败" + result);
            }
        }
    });
}
```

(4) 人脸信息注册

完成组的添加之后，可以进行人脸信息的注册。本任务中，使用摄像头拍摄用户的人脸信息进行注册，具体步骤如下：

1) 要使用摄像头的拍照功能，需要先进行摄像头能力的初始化，并对摄像头拍照等操作进行功能添加。创建一个 CameraActivity 类，用于放置所有针对摄像头的操作，主要代码如下：

```
/**
 * 获取图片
 */
@Override
public void getBitmap(final Bitmap bitmap) {
    runOnUiThread(new Runnable() {
        @Override
        public void run() {
```

学习笔记

```
                mBitmap = bitmap;
                mPicView.setImageBitmap(bitmap);
                mPicView.setVisibility(View.VISIBLE);
                mCropBtn.setVisibility(View.VISIBLE);
                mBackBtn.setVisibility(View.VISIBLE);
                mShutterBtn.setVisibility(View.INVISIBLE);
                mPictureTakeStatus = false;
            }
        });
    }
```

2）由于摄像头操作的 Activity 从主 MainActivity 类中进行启动，需要在 MainActivity 类中添加摄像头事件的回调，获取拍摄的照片信息，主要代码如下：

```
@Override
protected void onActivityResult(int requestCode, int resultCode, Intent data) {
    super.onActivityResult(requestCode,resultCode,data);
    if (resultCode != RESULT_OK) {
        return;
    }
    String fileSrc = null;
    if (requestCode == 1000) {
        fileSrc = data.getStringExtra("bitmap");
        if (null != fileSrc) {
            // mPath = fileSrc;
            // 获取图片的宽和高
            BitmapFactory.Options options = new BitmapFactory.Options();
            options.inJustDecodeBounds = false;
            // 压缩图片
            options.inSampleSize = Math.max(1, (int) Math.ceil(Math.max(
                    (double) options.outWidth / 512f,
                    (double) options.outHeight / 512f)));
            mImage = BitmapFactory.decodeFile(fileSrc, options);
            // 若 mImageBitmap 为空则图片信息不能正常获取
            if (null == mImage) {
                showToast("图片信息无法正常获取!");
                return;
            }
            ByteArrayOutputStream baos = new ByteArrayOutputStream();
            //可根据流量及网络状况对图片进行压缩
            mImage.compress(Bitmap.CompressFormat.JPEG, 80, baos);
            ((ImageView) findViewById(R.id.online_img)).setImageBitmap
              (mImage);
```

学习笔记

```
            }
        }
    }
```

3）完成摄像头的拍照及拍摄照片获取功能配置后，需要调用人脸注册能力接口，将获取的照片进行人脸信息的注册，主要代码如下：

```
//人脸注册
    private void registerFace() {
        if (mGroupId.equals("")) {
            showToast("Please Create GroupId Frist");
            return;
        }
        if (mImage == null) {
            showToast("请拍照");
        }
        if (null == mEdtAuthid.getText() || mEdtAuthid.getText().toString().
          equals("")) {
            showToast("请输入 userId");
        }
        userId = mEdtAuthid.getText().toString();
        faceRegisterHelper = new FaceRegisterHelper(this);
        faceRegisterHelper.startRegister(userId, mImage,
                new StarMscAbility.onResultCallback() {
                    @Override
                    public void onResult(boolean flag, String result) {
                        if (flag) {
                            showToast("人脸模型注册成功:" + mEdtAuthid.
                              getText());
                            //注册成功后加组
                            faceGroupHelper.addFace(userId, mGroupId,
                                new StarMscAbility.onResultCallback() {
                                  @Override
                                  public void onResult(boolean flag, String result) {
                                      Log.d("MainActivity", "result = " + result);
                                      if (flag) {
                                          showToast("人脸注册加组成功:"
                                            +result);
                                      } else {
                                          showToast("人脸注册加组失败:"
                                            +result);
                                      }
                                  }
                                });
```

学习笔记

```
                } else {
                    showToast("注册模型注册失败:" + result);
                }
            }
        });
    }
```

4）MainActivity 类与 CameraActivity 类需要在 AndroidManifest. xml 文件中声明，如图 3-17 所示。

```
<activity
    android:name=".CameraActivity"
    android:theme="@style/Theme.AppCompat.Light.NoActionBar"/>
<activity android:name=".MainActivity">
    <intent-filter>
        <action android:name="android.intent.action.MAIN" />
        <category android:name="android.intent.category.LAUNCHER" />
    </intent-filter>
```

图 3-17　Activity 的声明

到此，就完成了人脸注册的功能。当注册成功后，该人脸信息的标识即为 mEdtAuthid 方法中用户填写的文本信息。

（5）人脸识别

完成人脸注册功能后，需要进行人脸识别功能开发。与人脸注册时一样，人脸识别同样需要调用摄像头拍照功能进行人脸照片的拍摄，然后返回相关照片。在 MainActivity 类中调用人脸识别能力接口，对返回的照片进行比对，查看照片中的人脸是否为已经注册过的人脸，主要代码如下：

```
// 人脸识别
private void recognitionFace() {
    if (mGroupId.equals("")) {
        showToast("Please Create GroupId First");
        return;
    }
    if (mImage == null) {
        showToast("请拍照");
    }
    faceVerifyHelper.setFaceVerifyResultCallback(new StarMscAbility.onResultCallback() {
        @Override
        public void onResult(boolean flag, String result) {
            //返回参数 flag 为人脸识别结果
            if (flag) {
                if ("".equals(result)) {
                    showToast("该人脸还未注册!");
                } else {
```

学习笔记

```
                    showToast("识别成功,欢迎您:" + result);
                }
            } else {
                showToast("没有匹配到人脸");
            }
        }
    });
    faceVerifyHelper.sendGroupVerify(mGroupId,mImage);
}
```

当人脸识别成功时，弹出提示信息。当 flag 为 true 且 result 为空，表示图片中检测到了人脸，但没有匹配到人脸库中的人脸信息；当 flag 为 true 且 result 不为空，result 的值表示匹配到的人脸结果（注册时提交的人脸标识）。当 flag 为 false，表示人脸识别失败（包括图片中没有检测到人脸情况）。

步骤 5：应用权限申请

应用获得权限的方式有动态权限申请和平台签名，本次任务采用平台签名的方式获得权限。具体的操作参考“任务 1.3　机器人开发环境配置”中的步骤 10。

步骤 6：功能测试

将机器人开发实验箱与计算机通过 USB 连接线进行连接，然后将应用下载到机器人开发实验箱运行。启动运行后，应用功能测试具体流程如下：

1）在交互界面中单击“创建 GROUP”按钮，创建人脸组。完成人脸组的创建后，界面上会显示组 ID 信息，如图 3-18 所示。

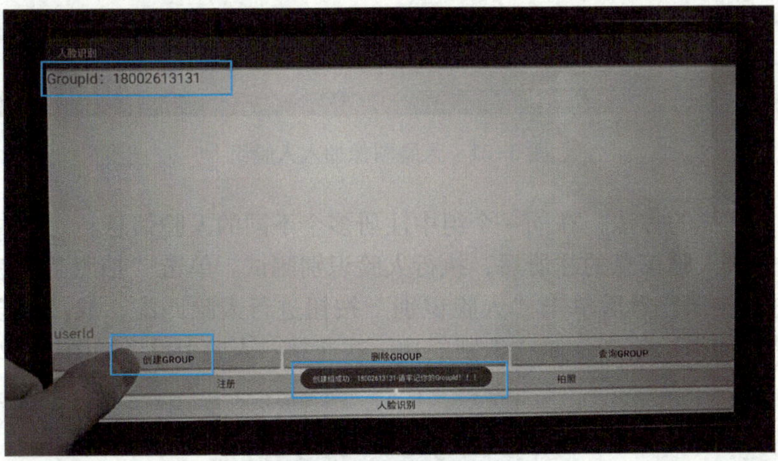

图 3-18　创建 GROUP 界面

2）单击“拍照”按钮，使用实验箱的摄像头对准用户脸部进行拍照。完成后，界面上会显示拍摄照片，确保照片包含完整的人脸部分，如图 3-19 所示。

3）在用户标识输入框中输入人脸标识信息，使用字母+数字的方式，然后单击“注册”按钮，注册成功会弹出“人脸模型注册成功”提示信息，如图 3-20 所示。

学习笔记

图 3-19　拍照界面

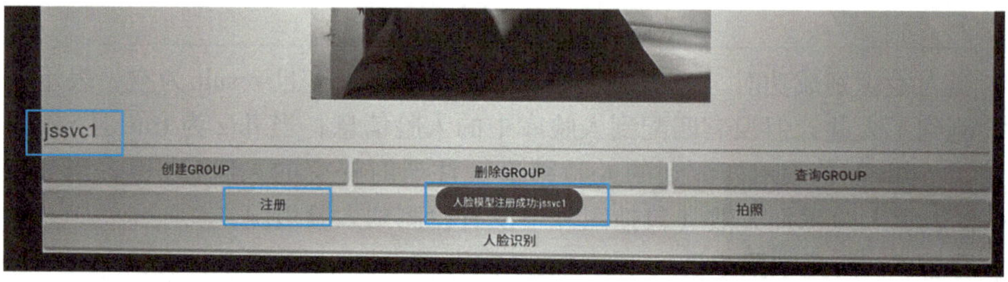

图 3-20　人脸注册界面

人脸注册成功后会自动进行添加到人脸组操作，成功后弹出“人脸注册加组成功”提示信息，如图 3-21 所示。

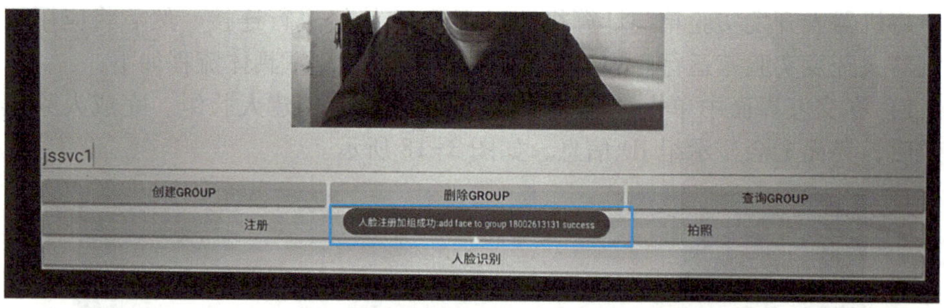

图 3-21　人脸图像加入人脸组

4）以同样的方法，在同一个组中注册多个不同的人脸信息。

5）完成人脸信息的注册后，执行人脸识别测试。单击“拍照”按钮，使用摄像头进行拍照。然后单击“人脸识别”按钮进行人脸匹配，成功后会弹出包含识别结果的提示信息，如“识别成功，欢迎您：人脸 ID”，如图 3-22 所示。

图 3-22　人脸识别结果

常见问题与解决方法

1）**错误信息：** 拍摄人脸照片，识别时提示没有人脸信息。

解决方法： 检查拍摄的照片，确保照片中包含了完整的人脸部分，并且不要佩戴明显遮住面部的饰物，比如墨镜等。

2）**错误信息：** 人脸已经注册，但一直提示无法识别。

解决方法： 可能是因为识别时拍摄人脸的角度差别过大，人脸识别返回的结果阈值达不到匹配要求，可以适当调整拍摄角度重新识别。

3）**错误信息：** 调试运行时出错，提示错误码 10407。

解决方法： 10407 错误表示用户校验失败，是因为没有下载跟应用名称对应的 SDK。讯飞开放平台中一个应用对应一个 SDK，所以要下载与所开发的应用名称相对应的 SDK，将其 lib 库复制到 project 的 libs 文件夹中。可以对照注册的 APPID 与在 Application 初始化中的 APPID 是否一致。

思考与拓展

1. 人脸识别时环境背景及光照亮度是否对识别准确率有影响？

2. 人脸拍摄时若同一张图像中存在多张人脸，如何解决？

学习笔记

任务 3.2 证件文字识别功能开发实现

证件文字识别功能开发实现

任务目标

本任务基于讯飞开放平台上文字识别的能力包，应用文字识别中身份证识别的 Web API，结合服务机器人的相机能力，开发一个简单的身份证识别应用程序，使学生了解文字识别技术在机器人上的开发与使用方法，本任务的具体目标如下：

1. 了解讯飞开放平台文字识别能力包。
2. 了解讯飞开放平台文字识别相关 API。
3. 掌握身份证识别 Web API 的开发和应用。

学习笔记

任务分析

OCR 一般分为两大步骤：图像处理及文字识别。图像处理是在识别文字前，对原始图片进行预处理，以便后续的特征提取和学习。这个过程通常包含灰度化、二值化、降噪、倾斜矫正、文字切分等步骤，每一个步骤都涉及不同的算法。文字识别阶段通过对 OCR 能力的运用，将图片文字转化为可编辑的文本。

本次任务通过开发一个基于 OCR 能力的身份证文字识别应用，展示 OCR 技术的使用方式及其呈现效果，任务实施流程如图 3-23 所示。

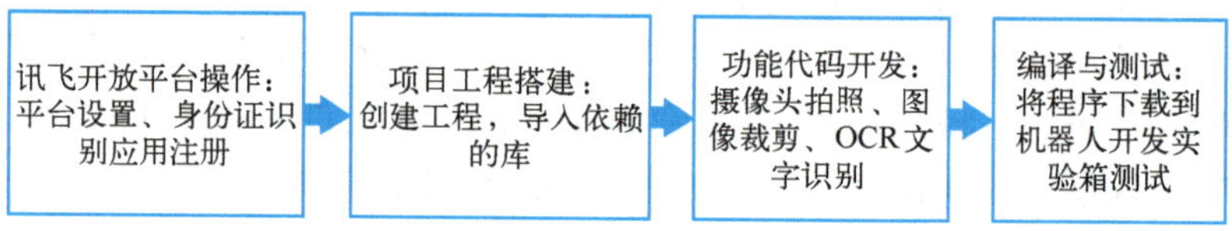

图 3-23　任务实施流程

能力接口方法提示

（1）机器人图像裁剪能力

1）能力包名称：cropability-release1. 0. 1. aar。

2）包名：com. starway. starrobot. cropability. PictureCropHelper。

PictureCropHelper 类设计如图 3-24 所示。

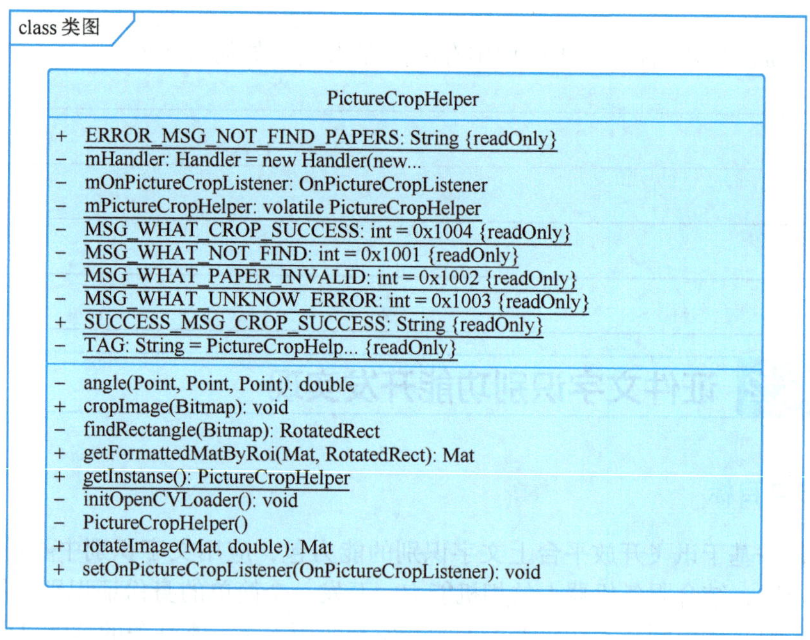

图 3-24　PictureCropHelper 类设计

学习笔记

3）功能接口说明：

◆ 单例接口

接口名称：getInstance

传入参数：无

返回结果：裁剪能力类对象（PictureCropHelper）

◆ 图像裁剪接口

接口名称：cropImage

传入参数：

参数名称	参数类型	备注
bitmap	Bitmap	裁剪图像 Bitmap
listener	OnPictureCropListener	图像裁剪结果回调

返回结果：void

接口说明：将证件图像根据矩形轮廓进行裁切，并回调返回。

◆ 设置证件类型

接口名称：IDCardFontPaper（bitmap）

传入参数：

参数名称	参数类型	备注
bitmap	Bitmap	拍摄的证件照片原图

接口说明：将高拍仪拍摄的证件照片进行裁剪，保留有效部分（贴合证件边缘裁剪），判断证件的有效性。

证件类型：

类型 1：NormalRectanglePaper 通用证件（仅支持裁剪，不判断证件的有效性）。

类型 2：IDCardFontPaper 身份证正面（裁剪后提供有效性判断）。

类型 3：IDCardBackPaper 身份证反面（裁剪后提供有效性判断）。

示例代码如下：

```
//设置证件类型(身份证正面)
BasePaper basePaper = new IDCardFontPaper(bitmap);
PaperCropHelper. getInstanse(). setBasePaper(basePaper);
```

◆ 裁剪证件

接口名称：paperCropHelper. cropImage()

传入参数：无

接口说明：裁剪错误码 errorCode 信息如下。

10001：没有检测到证件。

10002：证件不合法。

10003：未知错误。

示例代码如下：

```
//设置裁剪事件回调
paperCropHelper.setOnPaperCropListener(new PaperCropHelper.OnPaperCropListener() {
    @Override
    public void onStart() {
        //初始化完成，开始裁剪
    }
    @Override
    public void onComplete(Bitmap cropedBitmap) {
        //裁剪成功，裁剪后的照片 cropedBitmap
    }
    @Override
    public void onError(int errorCode, String errorMsg) {
        //裁剪失败，错误码 errorCode，错误信息 errorMsg
    }
});
//裁剪照片
paperCropHelper.cropImage();
```

(2) 机器人图像 OCR 能力

1) 能力包名称：ocrability-release1.0.1.aar。

2) 包名：com.starway.starrobot.ocrability.PictureOCRHelper。

PictureOCRHelper 类设计如图 3-25 所示。

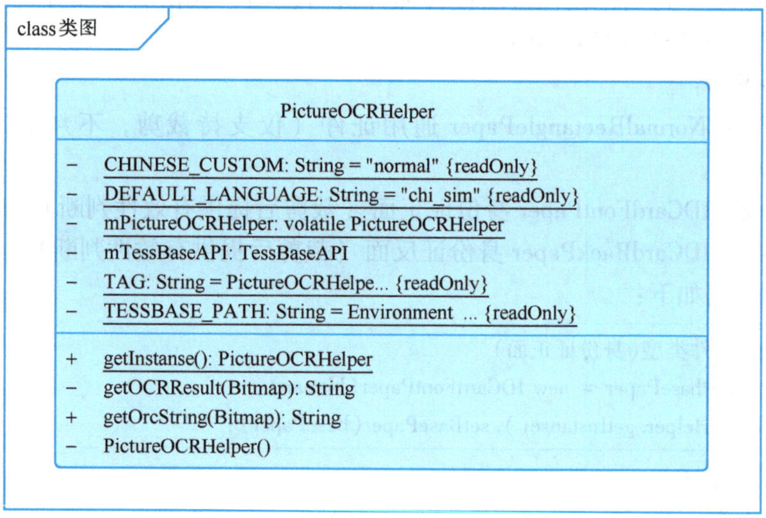

图 3-25 PictureOCRHelper 类设计

3) 功能接口说明：

◆ 单例接口

接口名称：getInstance

传入参数：无

返回结果：裁剪能力类对象（PictureOCRHelper）

学习笔记

◆ 图像 OCR 接口

接口名称：ocrImage

传入参数：

参数名称	参数类型	备注
bitmap	Bitmap	裁剪图像 Bitmap
listener	OnPictureOCRListener	图像 OCR 结果回调

返回结果：void

接口说明：识别图像中的文字，图像大小会影响 OCR 的识别速率，请在 OCR 之前进行裁剪。

示例代码如下：

```
//birmap 为需要识别的图像
PictureOCRHelper. getInstanse( ). getOrcString( bitmap) ;
```

任务实施

步骤 1：讯飞开放平台应用创建

本任务的文字识别功能是基于讯飞开放平台所提供的印刷文字识别能力，需要到讯飞开放平台申请账号，并在平台上选择相关能力，具体流程如下：

1）利用已注册的账号登录开放平台，进入控制台，如图 3-26 所示。

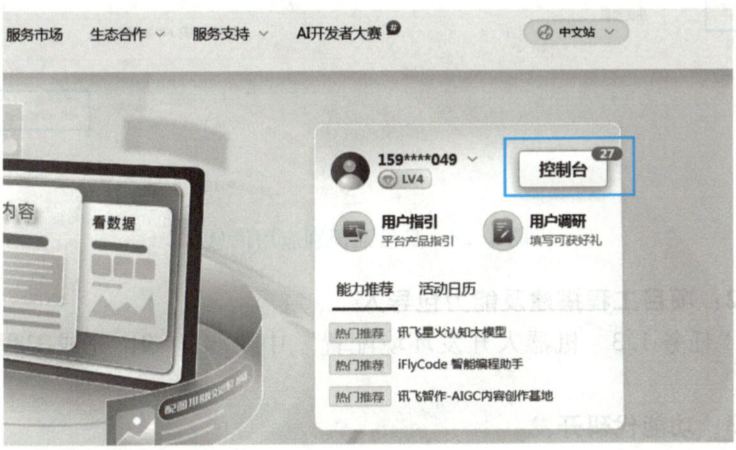

图 3-26 讯飞开放平台控制台

2）在应用管理界面中单击“创建应用”，完成应用相关信息（应用平台需要选择 Android 平台）的输入后，单击“提交”按钮，如图 3-27 所示。

3）进入“我的应用”界面，单击所创建的应用栏目，进入应用的具体信息界面。然后进入左侧栏的功能列表，单击“文字识别”进入菜单，单击“身份证识别 intsig”，如图 3-28 所示。可以看到应用的基本信息，如 APPID 和 APIKey 以及接口调用的地址等信息，这些信息在后续的程序代码中将被使用。

学习笔记

图 3-27 讯飞开放平台创建应用

图 3-28 身份证识别应用信息

步骤 2：项目工程搭建及能力包导入

参考“任务 1.3 机器人开发环境配置”中步骤 7~9，完成工程搭建和能力包导入。

步骤 3：功能代码开发

机器人的图像裁剪和 OCR 分别由能力包 cropability-release1.0.1.aar 和 ocrability-release1.0.1.aar 提供能力接口，通过对证件照片进行图像边缘查找、图像有效区域裁剪和关键区域文字 OCR 步骤来实现证件有效性识别判断。

本任务中利用 OCR 进行身份证件的信息识别，代码开发主要步骤为能力层初始化、Camera 初始化、相机拍照并裁剪、图像 OCR，如图 3-29 所示。

（1）能力层初始化

机器人能力一般会作用于项目的整个生命周期，因此初始化可以在 MainActivity 文件的 onCreate 中进行，也可以在应用的 Application 文件中进行。

学习笔记

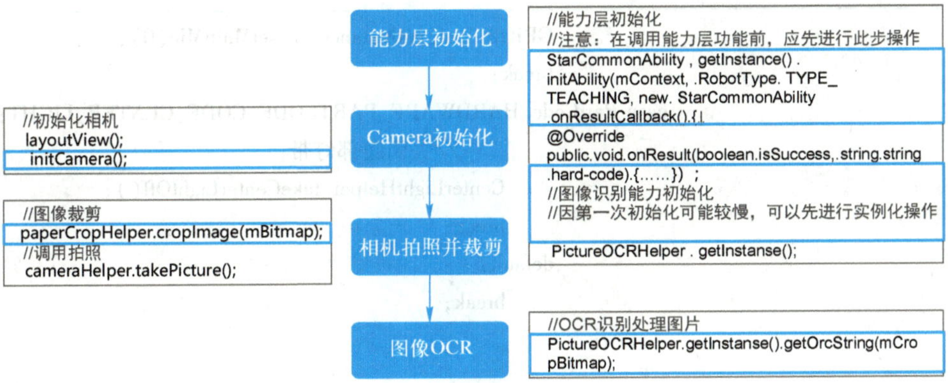

图 3-29 OCR 证件识别功能代码开发步骤

创建应用的 Application 类，如 MyApp，用于在应用程序启动的同时，初始化基础硬件能力与图像能力。主要代码如下：

```
public class MyApp extends Application {
    public static final String APPID = " ***** ";
    public static final String API_KEY = " ************ ";
    public static final String WEBOCR_IDCARD_URL
        = "https://webapi. xfyun. cn/v1/service/v1/ocr/idcard";
    private Context mContext;
    @Override
    public void onCreate() {
        super. onCreate();
        mContext = getApplicationContext();
        init();
    }
    private void init() {
        StarLogAbility. getInstance(). initAbility(this);
        //基础能力初始化
        StarCommonAbility. getInstance(). initAbility(this,
            RobotType. TYPE_TEACHING, new StarCommonAbility. onResultCallback() {
                @Override
                public void onResult(boolean isSuccess, String hardCode) {
                    if (isSuccess) {
                        //硬件和业务状态初始化
                        switch (hardCode) {
                            case PartCode. HARDWARE_PARTCODE. CODE_EMOJI:
                                //设置初始表情
                                EmojiHelper. doEmojiBase();
                                break;
                            case PartCode. HARDWARE_PARTCODE. CODE_GPIO:
                            //默认加载时，将拾音方向设置为默认正前方的 0°
```

学习笔记

```
                        GPIOHelper.getInstance().setMainMic(0);
                        break;
                    case PartCode.HARDWARE_PARTCODE.CODE_CENTER_LIGHT:
                            //关闭腹部灯带
                        CenterLightHelper.takeCenterLightOff();
                        break;
                    default:
                        break;
                }
            }
        }
    });
    //图像识别能力初始化，OcrHelper 为封装的 WebAPI 的接口帮助类
    OcrHelper.getInstance().init(APPID,API_KEY);
  }
}
```

（2） Camera 初始化

Camera 有高拍仪和前置摄像头的区分。高拍仪在机器人腹部，受光线影响较小，这里选用高拍仪来进行文字识别。

在 MainActivity 文件的 onCreate 中初始化相机，其中 openCamera 方法用于传入 FrameLayout（可选）为预览视图，setOnCameraPrepareListener 方法为准备完成回调，setGetBitmapListener 方法用于设置获取图像的回调。主要代码如下：

```
//初始化相机
    private void initCamera() {
        //相机预览视图
        frameLayout = (FrameLayout) findViewById(R.id.framelayout);
        cameraHelper = new CameraHelper(this);
        //设置准备完成回调
        cameraHelper.setOnCameraPrepareListener(new CameraHelper.
          OnCameraPrepareListener() {
            @Override
            public void prepare() {
                showTakePic();
            }
        });
        //打开高拍仪
        cameraHelper.openCamera(frameLayout,
        CameraHelper.CAMERAID.CAMERA_BACK);
        //设置图像获取回调
        cameraHelper.setGetBitmapListener(this);
    }
```

学习笔记

(3) 相机拍照并裁剪

在交互界面的 View 控件中，拍照按钮默认隐藏，在相机准备完成后才显示。单击进行拍照，完成后会在 GetBitmapListener 接口回调。调用 PictureCropHelper 能力，进行图像裁剪，确定 OCR 识别的区域。进行 OCR 的 Bitmap 越小，识别效率会越高。裁剪后图像会通过 OnPictureCropListener 返回，并保存裁剪后的 Bitmap。主要代码如下：

```
//图像裁剪
private void cropBirmap() {
    PictureCropHelper paperCropHelper = PictureCropHelper.getInstanse();
    paperCropHelper.cropImage(mBitmap, new PictureCropHelper.OnPictureCropListener() {
        @Override
        public void onResult(boolean isSuccess, final String message, final Bitmap
          cropBitmap) {
            if (isSuccess) {
                mCropBitmap = cropBitmap;
                picView.setImageBitmap(mCropBitmap);
                showOcr();
            } else {
                showToast("裁剪失败" + message);
            }
        }
    });
}
```

(4) 图像 OCR

裁剪成功后，交互界面显示 OCR 按钮，单击按钮会调用 OcrHelper 能力，进行图像文字识别。如果识别的区域只限定为图像某一块，可以对图像进行二次处理，裁剪后再进行 OCR 识别。当 OCR 识别结束，会返回识别结果，完成整个文字识别的流程。主要代码如下：

```
//OCR 识别
ocrPicBtn.setOnClickListener(new View.OnClickListener() {
    @Override
    public void onClick(View v) {
        mHandler.post(new Runnable() {
            @Override
            public void run() {
                String result = OcrHelper.getInstance().ocrForIdCard(WEBOCR_
                  IDCARD_URL,mCropBitmap);
                showToast(result);
                Log.d(TAG,"result = " + result);
            }
```

```
            });
        }
});
```

步骤 4：应用权限申请

应用获得权限的方式有动态权限申请和平台签名，本次任务采用平台签名的方式获得权限。具体的操作参考“任务 1.3　机器人开发环境配置”中的步骤 10。

步骤 5：功能测试

将机器人开发实验箱与计算机通过 USB 连接线进行连接，然后将应用下载到机器人开发实验箱运行。这里用到的高拍仪为摄像头 2，需要连接到相应接口，如图 3-30 所示。

图 3-30　摄像头 2

当应用运行时，测试流程如下：

1）将身份证放置到摄像头拍摄区域中，单击“拍照”按钮，拍摄证件照片，如果照片不符合要求，可以单击“返回”按钮重新拍照，如图 3-31 所示。

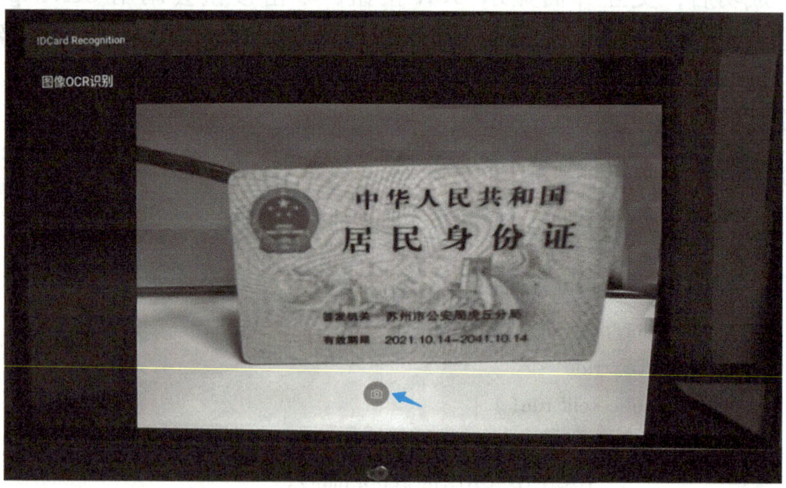

图 3-31　拍摄证件照片

2）单击“裁剪”按钮，对照片中证件边缘进行裁剪，仅保留证件有效部分图像，如图 3-32 所示。

学习笔记

图 3-32 裁剪照片

3）单击“OCR”按钮，对证件文字进行识别，识别结果以 JSON 数据格式呈现，如图 3-33 和图 3-34 所示。

图 3-33 证件文字识别按钮

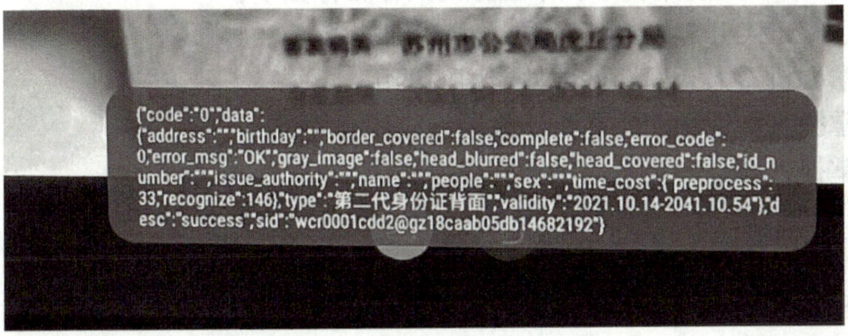

图 3-34 证件文字识别结果输出

常见问题与解决方法

错误信息：运行拍照时，提示未找到图片。

学习笔记

解决方法： 调整证件位置，重启拍照，并确保机器人高拍仪光照不受影响。

思考与拓展

1. 如何对其他证件进行识别，如校园卡？

2. 根据证件文字识别结果的数据结构，如何提取有用信息？列出关键代码。

任务 3.3 人证合一功能开发实现

任务目标

本任务通过使用讯飞开放平台上 MSC 人脸识别能力，介绍了人脸验证与人脸检索的使用，结合服务机器人的相机及身份证扫描仪等硬件能力，开发一个简单的人证合一的应用程序。本任务的具体目标如下：

1. 了解讯飞开放平台 MSC 的人脸识别技术。
2. 掌握机器人开发套件硬件能力的调用。
3. 掌握人脸识别功能在机器人上的应用开发。
4. 掌握人证合一技术的功能实现方法。

任务分析

人证合一是指人脸识别与身份证识别通过人证合一核查系统检测，并能确定本人与身份证上的信息一致。人证合一识别服务可快速精准识别身份证信息，并对身份证上的头像人脸与现场人脸进行识别比对，判断是否为同一个人的脸，从而判断持证人是否为身份证所有人。人证合一已经深入各个行业的实际智能业务中，比如机场、高铁站的身份检测等。

人证合一主要涉及两种技术，一种是人脸识别比对，另一种是身份证识别

学习笔记

技术。本次任务通过人证合一智能应用的开发，展示人脸识别技术在实际应用场景中的具体实现方法，任务实施流程如图 3-35 所示。

图 3-35　任务实施流程

能力接口方法提示

本任务中，主要用到 MSC 能力和机器人基础能力中的身份证扫描仪功能，将两个能力相结合，进行身份证信息读取和人脸识别检索。

（1）MSC 能力包

MSC 能力包的接口方法参考任务 3.1 中相关介绍。

（2）身份证扫描仪

通过机器人基础能力 HardwareServer 中扫描身份证接口，获取身份证相关个人信息。

◆ 扫描身份证

接口名称：startIdScanWithListener

传入参数：

参数名称	参数类型	备　注
callback	idScanCallback	身份证扫描信息结果反馈

返回结果：

bytes：用户头像图片数据。

idCardInfo：身份证个人信息。

示例代码如下：

```
HardwareServer. getInstance( ). startIdScanWithListener( new BaseHardware. idScanCallback( ) {
    @Override
    public void onIDscanEnd( IDCardInfo idCardInfo, byte[ ] bytes) {
        if( null != idCardInfo) {
            //用户头像图片( bytes)
            Log. d( "IdCardInfo", "姓名: "+idCardInfo. getName( )+", 身份证号:
              "+idCardInfo. getIdcardno( ));
        }
    }
});
```

任务实施

步骤 1：讯飞开放平台能力注册

本任务中同样用到讯飞开放平台提供的人脸识别（MSC）能力包。在开发平台上注册应用并下载 MSC 能力包。操作流程参考任务 3.1 中的步骤 1 执行。

学习笔记

步骤2：项目工程搭建及能力包导入

操作流程参考“任务1.3　机器人开发环境配置”中步骤7~9执行，完成工程搭建和能力包导入。

步骤3：项目MSC能力导入

操作流程参考任务3.1中的步骤3执行。

步骤4：功能代码开发

（1）MSC能力注册

操作流程参考任务3.1的步骤4中MSC能力注册步骤执行。

（2）界面控件初始化

操作流程参考任务3.1的步骤4中界面控件初始化步骤执行。

（3）人脸组操作

操作流程参考任务3.1的步骤4中人脸组操作步骤执行。

（4）人脸信息注册

完成组的添加之后，就可以进行人脸信息的注册。与任务3.1中人脸识别任务不同的是，本次任务需要实现人证合一功能，执行身份证照片和用户人脸信息的比对。所以需要通过机器人实验箱的身份证扫描仪获取用户的身份证信息，然后对信息中的照片进行人脸注册。

在程序入口MyApp中已经注册了机器人实验箱的硬件能力，在此通过按钮事件触发身份证扫描仪的监听事件，根据用户身份证扫描事件的反馈回调事件，获取用户身份证信息。这样就完成了扫描身份证进行人脸信息注册的功能，同时将人脸信息与用户的身份证姓名进行了关联。主要代码如下：

```
/**
 * 监听身份证扫描仪
 */
private void initIdScannerListener() {
    HardwareServer.getInstance().startIdScanWithListener(new
      BaseHardware.idScanCallback() {
        @Override
        public void onIDscanEnd(final IDCardInfo idCardInfo, final byte[] bytes) {
            Log.d(TAG, "result = " + idCardInfo.getName() + " " + idCardInfo.
              getIdcardno());
            runOnUiThread(new Runnable() {
                @Override
                public void run() {
                    userName = idCardInfo.getName();
                    name.setText("姓名：" + idCardInfo.getName());
                    idcardNumber.setText("身份证号：**************");
                    birthday.setText("出生日期：******************" );
                    headImg = BitmapFactory.decodeByteArray(bytes, 0, bytes.length);
                    idCardImage.setImageBitmap(headImg);
                    HardwareServer.getInstance().stopIdScanner();
```

学习笔记

```
                    registerFace(headImg);
                }
            });
        }
        @Override
        public void onIDscanFailed(int i, String s) {
            Log.e("idscan error", s);
        }
    });
}

/**
 * 人脸注册，先生成人脸模型，然后和人脸组关联，
 * 加组成功后，让 authId 和身份证信息关联。
 */
private void registerFace(Bitmap bitmap) {
    if (mGroupId.equals("")) {
        showToast("Please Create GroupId Frist");
        return;
    }
    if (bitmap == null) {
        showToast("请获取人脸照片");
    }
    //随机产生一个用户 ID
    final String authId = String.valueOf(System.currentTimeMillis());
    faceRegisterHelper.startRegister(authId, bitmap,
            new StarMscAbility.onResultCallback() {
                @Override
                public void onResult(boolean flag, String result) {
                    if (flag) {
                        showToast("人脸模型注册成功:" + authId);
                        //注册成功后加组
                        faceGroupHelper.addFace(authId, mGroupId,
                            newStarMscAbility.onResultCallback() {
                          @Override
                          public void onResult(boolean flag, String result) {
                              Log.d(TAG, "result = " + result);
                              if (flag) {
                                  showToast("人脸注册加组成功:" + result);
                                  SharedPreferences.Editor editor =
                                      sharedPreferences.edit();
                                  editor.putString(authId, userName);
                                  editor.apply();
```

学习笔记

```
                        } else {
                            showToast("人脸注册加组失败:" + result);
                        }
                    }
                });
            } else {
                showToast("注册模型注册失败:" + result);
            }
        }
    });
}
```

（5）人脸识别

本次任务的人脸识别使用摄像头对用户进行拍照，识别用户人脸信息。首先需要进行摄像头能力的初始化，并且对摄像头拍照等操作进行功能添加。操作流程参考任务 3.1 的步骤 4 中人脸识别步骤执行。

（6）应用权限申请

应用获得权限的方式有动态权限申请和平台签名，本次任务采用平台签名的方式获得权限。操作流程参考“任务 1.3　机器人开发环境配置”中的步骤 10。

步骤 5：功能测试

将机器人开发实验箱与计算机通过 USB 连接线进行连接，然后将应用下载到机器人开发实验箱运行。启动运行后，应用功能测试具体流程如下：

1）单击“创建 GROUP”按钮，创建人脸组，完成人脸组的创建后，界面上会弹出包含组 ID 的提示信息，如图 3-36 和图 3-37 所示。

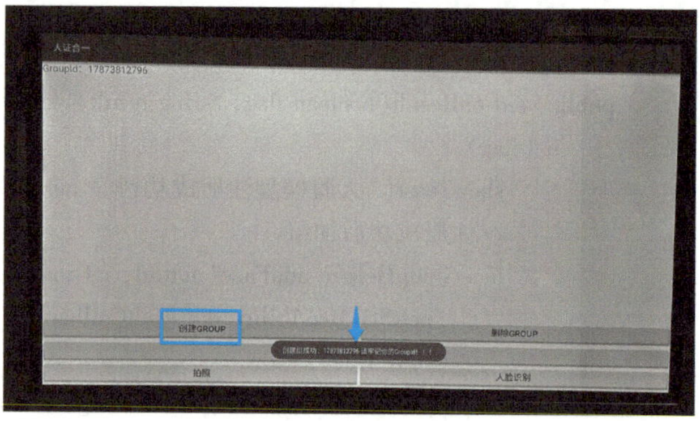

图 3-36　创建组界面

图 3-37　创建组成功提示

2）将身份证放置在机器人实验箱的身份证扫描仪上，单击“获取身份证信息并注册”按钮，会自动读取身份证信息，并将身份证照片进行人脸注册。注册成功后，会弹出“人脸注册加组成功”提示信息，如图 3-38 和图 3-39 所示。

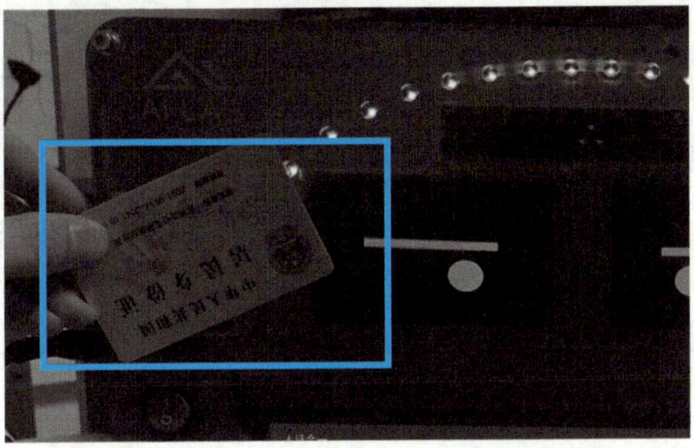

图 3-38　身份证读取放置

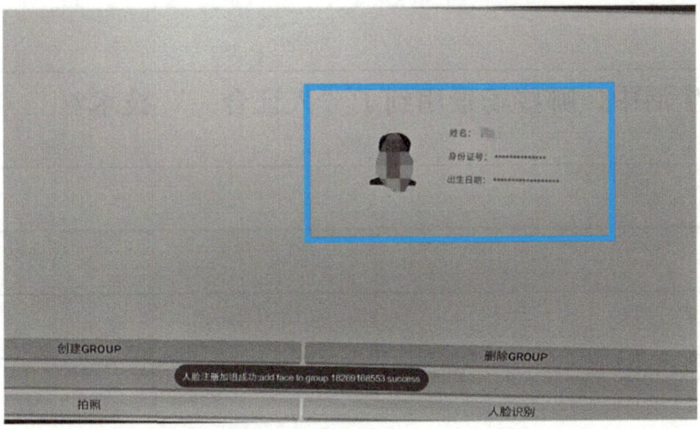

图 3-39　身份证信息读取结果

3）完成信息的注册后，单击“拍照”，使用摄像头进行拍照，然后单击“人脸识别”按钮，查看是否能够与注册过的身份信息进行有效比对识别，如图 3-40 和图 3-41 所示。

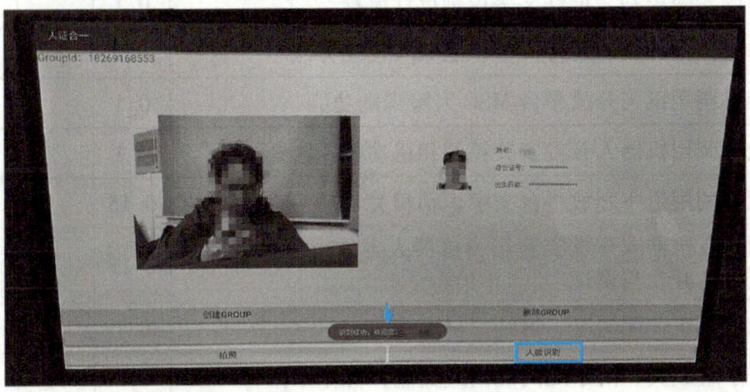

图 3-40　人脸识别操作

学习笔记

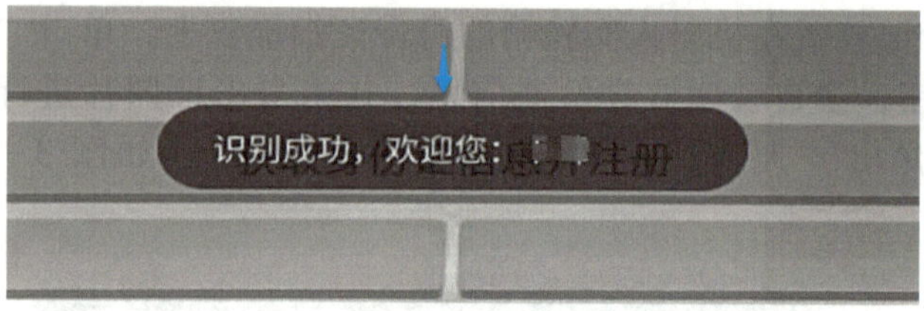

图 3-41　人脸识别结果提示

思考与拓展

1. “人证合一”和“人脸识别”任务中人脸比对图像的来源有何不同？各有什么优势？

2. 在日常生活中，哪些场景用到了“人证合一”技术？

项目评价

班级		姓名		学号		日期	

自我评价						
评价项目	评价内容	权重	A	B	C	D
知识掌握	掌握人脸识别、证件文字识别设计流程	0.1				
	掌握人脸识别、证件文字识别 API 使用方法	0.1				
能力提升	能够调用讯飞开放平台 MSC 人脸识别功能	0.1				
	能够调用机器人开发实验箱的相机功能	0.1				
	能够调用讯飞开放平台文字识别相关 API	0.15				
	能够在机器人开发实验箱、机器人本体上完成智能识别应用的开发与调试	0.15				
素养养成	态度端正，无缺席、迟到、早退现象	0.1				
	与小组成员、同学之间能沟通交流，协作工作	0.1				
	能按照 6S 规范标准做到整理整顿、清扫清洁、注意素养、安全操作	0.1				

学习笔记

（续）

小组评价						
评价项目	评价内容	权重	A	B	C	D
参与态度	在小组讨论中积极发言，主动操作调试	0.4				
协作精神	能积极配合小组成员完成工作任务	0.3				
能力提高	完成任务过程中能力有提升，学习有收获	0.3				
教师评价						
评价项目	评价内容	权重	A	B	C	D
能力包调用程序编写	功能流程实施正确	0.1				
	软（硬）件操作熟练	0.1				
	平台设置正确	0.1				
	正确调用能力包	0.1				
	正确编写代码	0.1				
模拟调试测试运行	功能调试正确	0.05				
	机器人操作规范	0.05				
	机器人运行正确	0.05				
	问题分析及解决记录	0.05				
	完成速度	0.05				
职业素养	设计创新能力	0.05				
	团队协作能力	0.05				
	汇报交流能力	0.05				
操作规范	工位收拾整齐	0.05				
	安全操作	0.05				

学习笔记

项目 4 智能导航功能开发与应用

项目描述

本项目通过机器人的底盘地图创建、机器人扫图、修图、点位标记、地图的上传与下载等操作，构建出机器人底盘移动的基础地图。使用机器人底盘接口 API，调用底盘相关功能，并结合 AIUI 实现通过人机交互控制机器人移动、转向等功能，将语音交互和机器人移动能力相结合。

学习目标

知识目标：

1. 掌握机器人扫图的步骤与流程。
2. 掌握机器人底盘接口 API 的调用方法。
3. 掌握语音控制与机器人底盘运动模块间的数据传递方法。

能力目标：

1. 能够正确完成机器人扫图、打点等基本操作。
2. 能够根据机器人底盘接口 API 文档实现正确调用。
3. 能够通过人机交互方式控制机器人进行预定点位的移动。

素质目标：

1. 增强团队协作解决问题的意识。
2. 增强程序设计的逻辑性和严谨性。

学习载体

硬件环境	实验箱	机器人实验箱
	机器人	服务机器人本体
	本地计算机	CPU：酷睿 i3 四代 2.0 GHz 以上 内存：4 GB 以上
软件环境	开发语言	Java
	开发工具	Android Studio 3.0.1 以上、ADB（1.0.40 版本）、JDK 1.8
	开放平台	AIUI 开放平台
依赖模块/库	能力包	机器人基础能力包：commonAbility-release.aar 机器人日志辅助包：starrobot-logability.aar AIUI 能力包：aiuilibrary-release.aar

知识链接

学习笔记

1. 服务机器人智能导航的概念

服务机器人智能导航是指机器人在没有人类干涉的情况下，依靠自己的智能导航系统实现对环境的感知和定位、路径规划和避障、控制和执行等过程，实现自主行动。智能导航技术广泛应用于自动化仓储、无人驾驶等场景。

智能导航系统包括感知模块、地图构建模块、路径规划和控制模块等多个部分。其中，感知模块是最基础的部分，通过传感器的应用，能够对机器人周围的环境进行识别、感知和反馈等。地图构建模块通过不断跟踪和更新环境信息，实现对地图的实时构建和优化。路径规划和控制模块是指机器人在已构建好的地图中，通过算法对环境进行分析和规划，有针对性地进行运动以实现特定任务。

2. 智能导航关键技术

机器人智能导航涉及传感器技术和导航控制技术，其中用于环境感知的传感器是机器人的双眼，导航控制模块则是机器人的大脑。

（1）传感器技术

1）激光雷达。激光雷达是机器人导航系统中常用的传感器之一。它通过发射激光束并接收反射的激光束来获取环境中的障碍物信息，实现对环境的感知和地图构建，如图 4-1 所示。

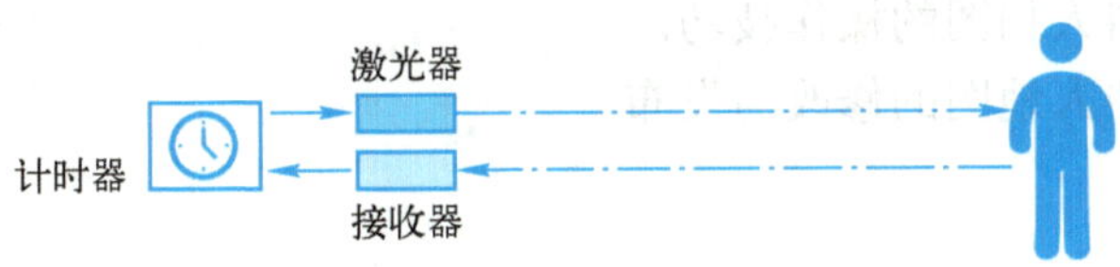

图 4-1　激光雷达测距原理

2）摄像头。摄像头可以通过图像处理技术获取环境的视觉信息。在机器人导航系统中，摄像头广泛应用于地标识别、目标检测和实时图像处理等任务。

3）超声波传感器。超声波传感器可以测量距离，用于检测机器人周围的障碍物。它主要用于近距离的避障和定位，如图 4-2 所示。

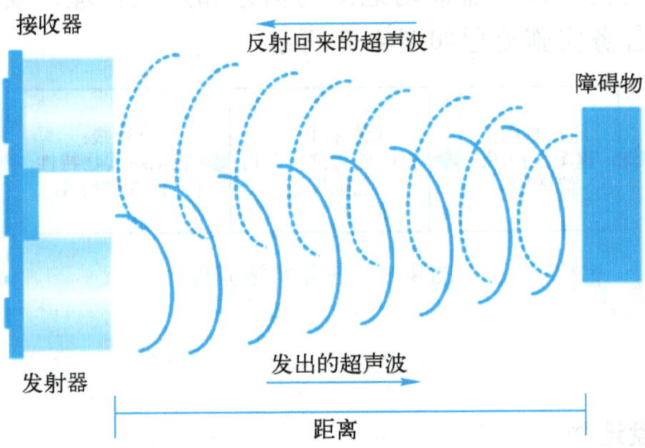

图 4-2　超声波测距原理

学习笔记

（2）导航控制技术

1）定位模块。定位模块是机器人导航系统的基础，包括传感器感知、地标识别、地图构建等技术。目前常用的定位技术包括卫星定位系统（GPS）、惯性导航系统（INS）和视觉定位等。

2）地图构建模块。地图构建模块是将环境中的空间信息转化为机器人能够理解的形式，为机器人导航提供基础数据。地图可以通过激光雷达、摄像头等传感器实时生成，也可以由先验地图进行更新和维护。

3）路径规划模块。路径规划模块是指根据机器人当前所处的位置和导航目标，选择最优的路径进行导航。常用的路径规划算法包括 A* 算法、Dijkstra 算法和深度优先搜索等。机器人在规划路径时需要考虑避障、可行性和效率等因素。

任务 4.1 扫图作业与地图管理实现

任务目标

扫图作业与地图管理实现 1

本任务通过“小途”机器人的底盘扫图操作，使学生了解机器人底盘移动原理。扫图操作包含地图的创建、机器人扫图、修图、点位标记、地图的上传与下载等。任务目标如下：

1. 掌握机器人扫图的步骤与流程。
2. 掌握机器人扫图的操作技巧。
3. 掌握机器人地图的修改与发布。

任务分析

扫图作业与地图管理实现 2

服务机器人除了需要具备语音交互能力，其移动引导能力可以为用户带来极大的便利，而机器人的移动能力一般需要通过特定底盘硬件能力来支撑。机器人底盘由各种传感器、机器视觉、激光雷达、电机和轮子等部件构成，它承载着机器人定位、导航、移动、避障等多种功能，是机器人必不可少的重要部件。

本任务通过对机器人底盘移动地图的构建和点位管理，展示机器人移动能力的实现方式，任务实施流程如图 4-3 所示。

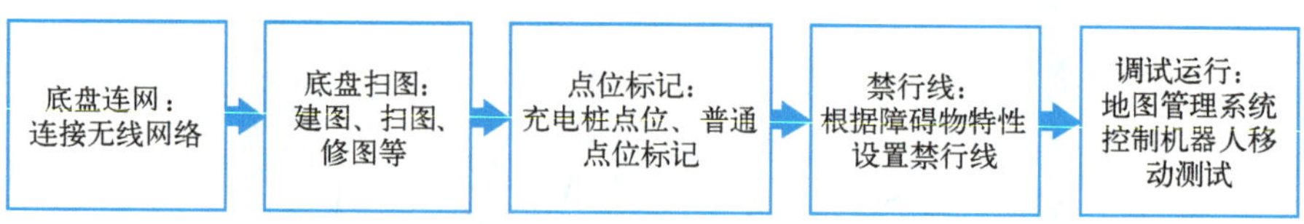

图 4-3 任务实施流程

任务实施

步骤 1：底盘连网

1）启动机器人，进入 AI Lab 应用的主界面（非待唤醒界面），手指在屏幕

学习笔记

上向左滑动，右侧显示出工具条。单击工具条底部的“设置”按钮，进入应用设置的登录界面，如图 4-4 和图 4-5 所示。

图 4-4　应用设置界面

图 4-5　登录界面

2）在登录界面的输入框中输入管理密码“starway”，完成输入后，自动进入应用的设置界面，在设置界面单击“硬件测试”按钮，打开“技术支持”应用界面，如图 4-6 和图 4-7 所示。

图 4-6　输入管理密码

3）在“技术支持”应用界面上单击“底盘地图”按钮，打开底盘操作界面，如图 4-8 所示。

学习笔记

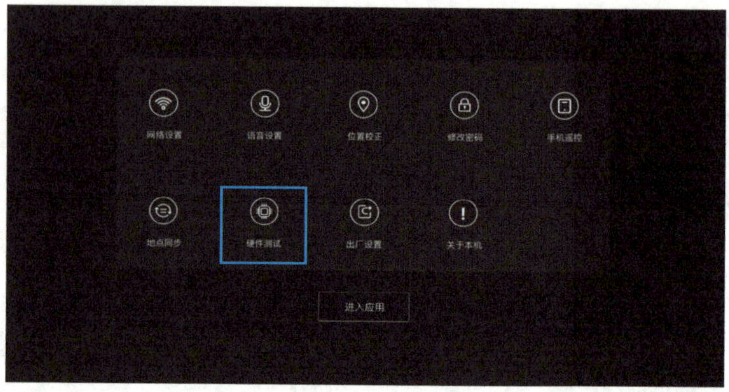

图 4-7　硬件测试

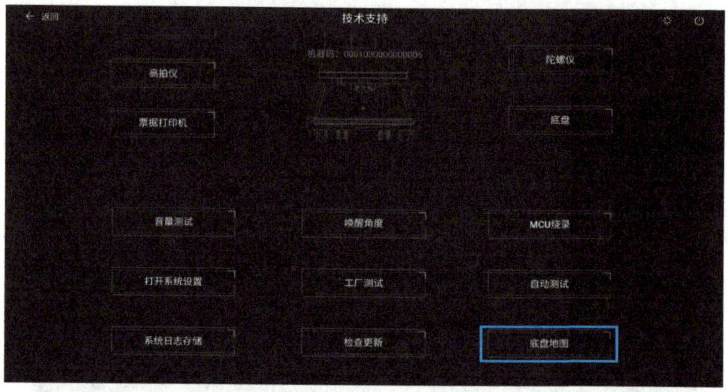

图 4-8　进入底盘地图

4）单击右上角的“连接底盘 WIFI”按钮，在弹出的 WIFI 连接界面进行 WIFI 网络连接。当 WIFI 连接成功时，在相应 WIFI 网络的后面会出现“已连接”字样，如图 4-9 所示。

图 4-9　底盘 WIFI 网络连接

5）单击界面左上角的“返回”按钮，返回“技术支持”界面。然后单击“底盘地图”按钮回到当前界面，可以在界面上方查看到底盘当前的 IP 地址，如图 4-10 所示。

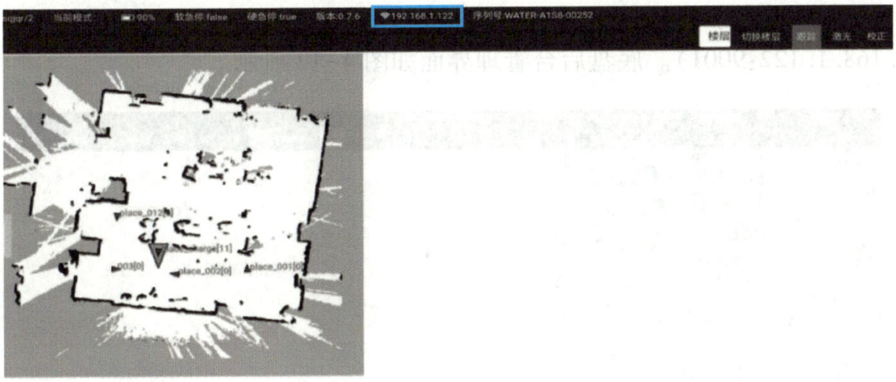

图 4-10　查看底盘当前 IP 地址

学习笔记

如果机器人之前已经连接过当前局域网，会自动保存 WIFI 连接信息，在下次启动后，会自动进行网络连接。该情况下，在进入技术支持的“底盘”界面后，直接单击“查看底盘 IP”按钮，即可获取底盘当前连接的 IP 信息，如图 4-11 所示。

图 4-11　查看底盘 IP

如果在底盘地图操作界面单击“连接底盘 WIFI”按钮后无任何响应且不显示任何信息，说明底盘与机器人本体未成功建立连接，需要对机器人进行断电重启，重启后等待约 2 min 再重新按流程尝试。

步骤 2：底盘扫图

（1）扫图准备工作

将计算机连接到底盘当前连接的局域网，即计算机和底盘要连接同一个 WIFI。打开浏览器，访问底盘的管理后台（地址为底盘的 IP 地址加端口号

9001，如底盘的局域网 IP 地址为 192.168.1.122，浏览器访问地址即为 http://192.168.1.122:9001）。底盘后台管理界面如图 4-12 所示。

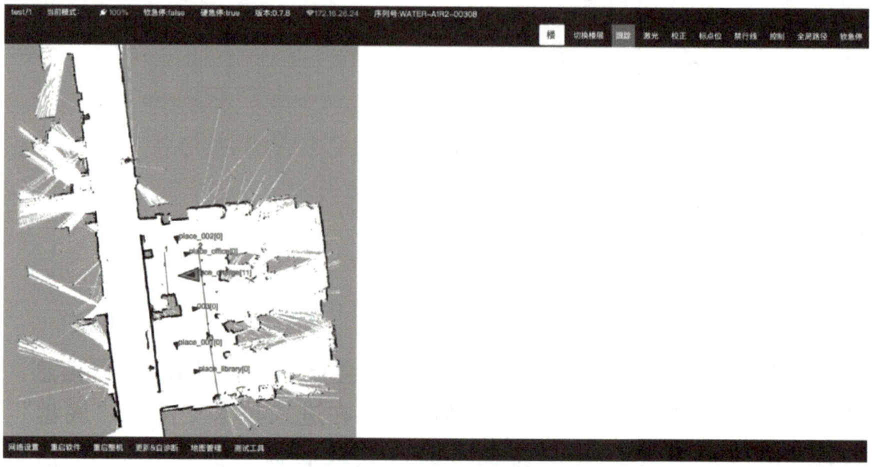

图 4-12　底盘后台管理界面

（2）建图

1）确定地图名称。单击浏览器左下方区域的“地图管理”按钮，选择“创建地图”标签，输入地图名和楼层信息，如图 4-13 所示。“地图名”与“楼层”用来区分不同的地图。如果是同一个场所，对于不同的楼层，以不同的“楼层”来区分；如果机器人会变动场所，就需要以不同的“地图名”+“楼层”来区分。地图名用英文简写，楼层用数字。

2）设置地图大小。单击“创建地图”按钮，然后选择地图的大小，即可进入扫图模式。在进行地图大小选择时，创建地图的按钮上会有提示（小图为 0~3600 m^2，中图为 3600~10000 m^2，大图为大于 10000 m^2），需要根据机器人实际的移动场地面积来选择。

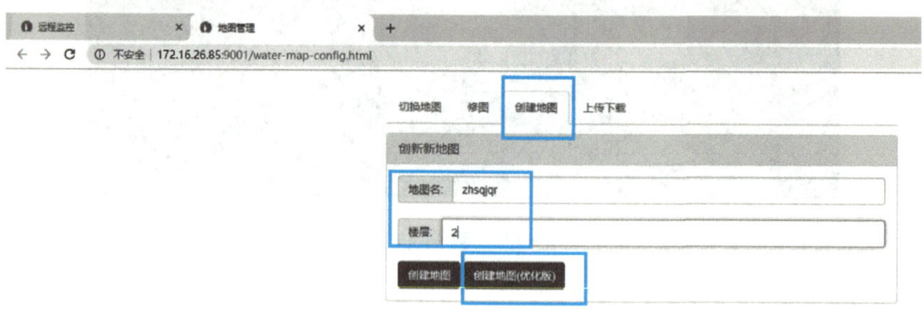

图 4-13　创建地图设置

（3）扫图

1）开启扫图模式。地图中将会出现红色激光数据，说明已经进入扫图模式，如图 4-14 所示。

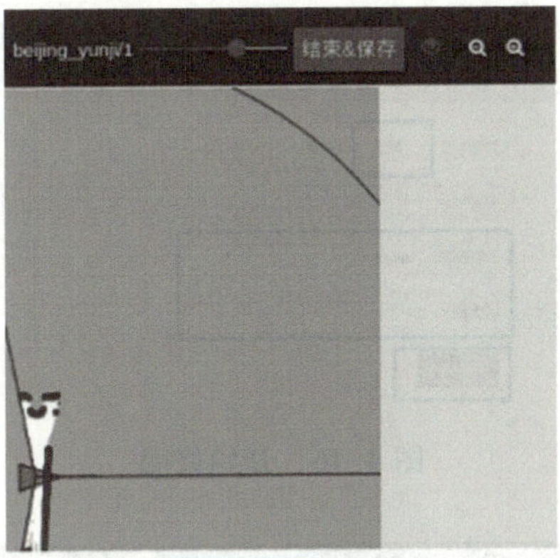

图 4-14 扫图界面

2）移动机器人扫图。将机器人背部红色的急停按钮按下，推动机器人开始扫图（扩充地图），注意控制机器人的行进速度。

在扫图过程中，看到机器人可行走的区域（白色）逐渐扩充。其中，灰色图域表示未探索区域；白色图域表示机器人可以行走的区域；黑色线条和点表示已经在地图中建立的障碍物信息；红色表示激光实时扫描到的数据。扫图结果如图 4-15 所示。

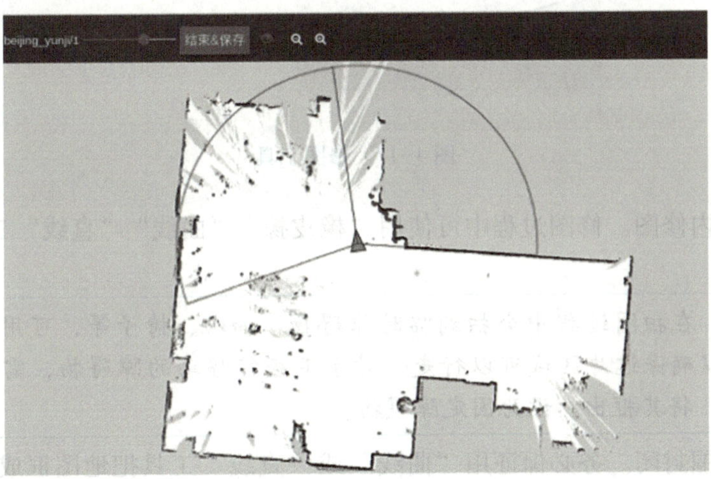

图 4-15 扫图结果

3）结束扫图。地图扫完之后，单击右上方的“结束 & 保存”按钮，即可退出扫图模式。待提示保存成功后，才可以关闭此模块的浏览器标签页。

步骤 3：修图

通过扫图功能创建出的原始地图，通常需要修理后才能给机器人使用，可以通过地图管理中的修图功能修理已有地图。如果所修理的地图是机器人正在使用的地图，则需重启软件服务才能使修改后的地图生效。

1）开始修图。单击浏览器左下方区域的“地图管理”按钮，选择“修图”标签，选择要修的地图名和楼层，单击“开始修图”按钮，进入修图界面，如图 4-16 和图 4-17 所示。

学习笔记

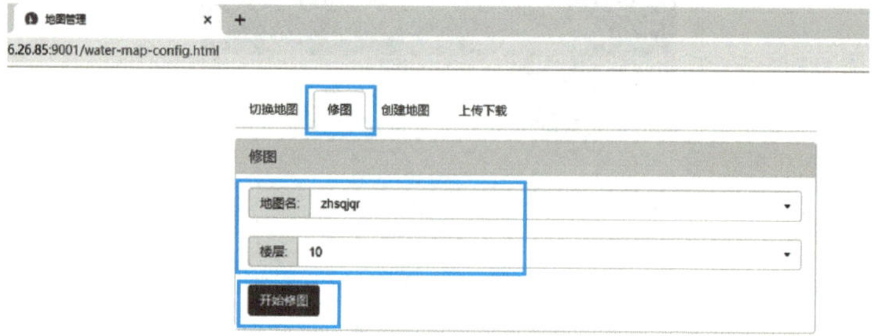

图 4-16 开始修图

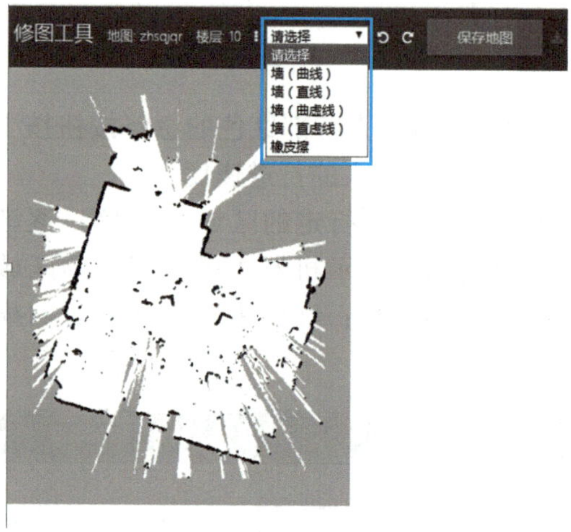

图 4-17 修图工具

2）场内修图。修图过程中可使用“橡皮擦”“曲线”“直线”三种工具进行修图。

注意： 在扫图过程中会扫到临时障碍物，如人、椅子等，可用橡皮擦擦除，以确保这片区域可以行走。对于不经常移动的障碍物，需要用“禁行线”将其框出，设为固定障碍物。

3）外围封闭。务必保证用“曲线”或“直线”工具把地图框成封闭区域，如图 4-18 和图 4-19 所示。

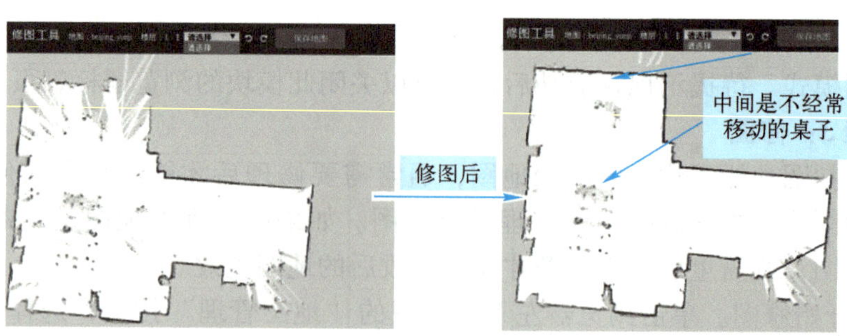

图 4-18 修图操作

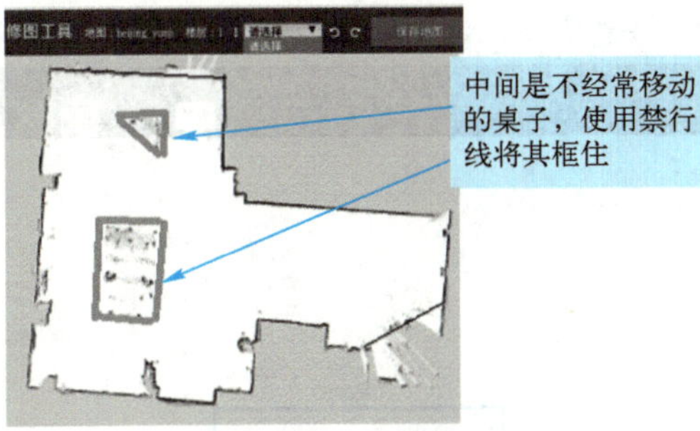

图 4-19　禁行线的使用

4）结束修图。单击“保存地图”按钮，待提示保存成功后，可关闭此浏览器标签页。

步骤 4：切换地图

1）单击浏览器左下方区域的“地图管理”按钮，选择“切换地图”标签。

2）选择要切换的地图名和楼层，单击“设置地图”按钮，如图 4-20 所示。

3）在出现的弹框中单击“确定”按钮，即可切换地图。

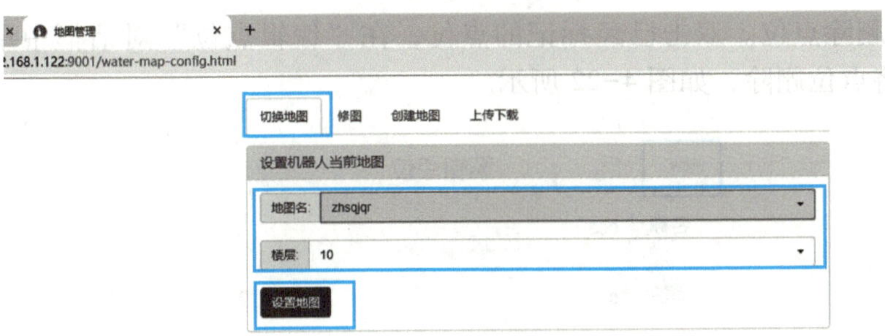

图 4-20　切换地图

4）地图切换后，底盘会进行软件重启，需要等待大概 30 s 后手动刷新页面，切换的地图就可以加载出来。

步骤 5：标点位

完成机器人底盘的校正后，需要将机器人移动引导的点位在地图上进行标记，又称地图“打点”。

1）开启标点位。单击浏览器右上方的“标点位”按钮，如图 4-21 所示。

2）设置点位。选中标点位按钮，在图中选中坐标后用鼠标单击拖出一个锚点（绿色箭头）。该箭头表示点位方向，即机器人导航到该点后的朝向。标记点位时要根据实际场景注意点位方向。

3）编辑点位信息。在“编辑点位”对话框中，设置点位名称和点位属性，并单击“确定”按钮。

注意： 点位名称用英文、数字或英文和数字的组合形式。点位名称有最大长度限制（操作时会有提示）。需要给点位取一些有意义的名字，可以直观反映出这个点位的作用。一些点位属性值有特定含义，例如“0”代表“导航点”，“11”代表“充电桩”，“7”代表“闸机”。

学习笔记

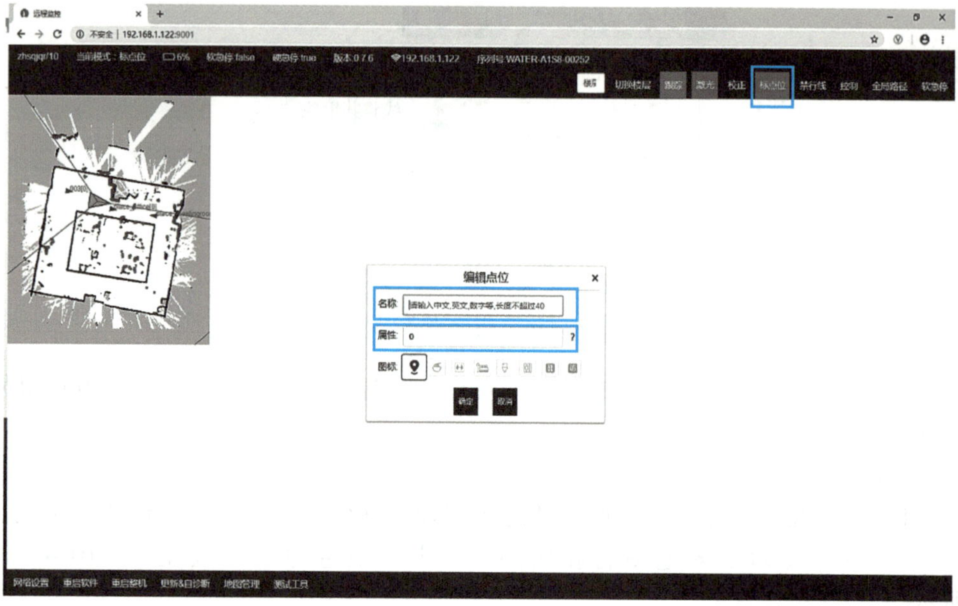

图 4-21　设置点位

4）删除点位。双击已经标记的点位，在“编辑点位”对话框中单击“删除”可将点位删除，如图 4-22 所示。

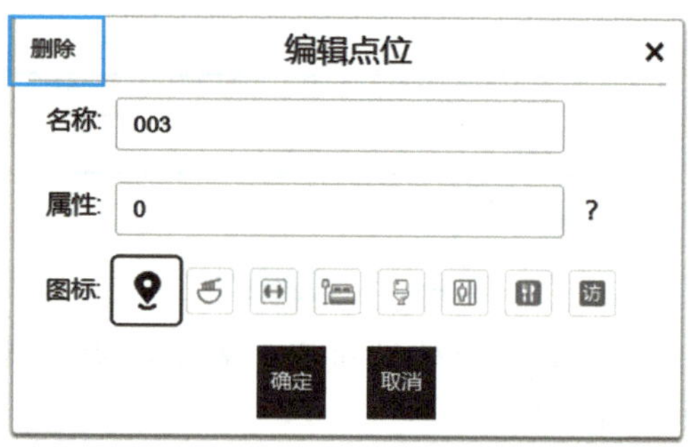

图 4-22　删除点位

5）结束标点位。点位标记完成后，将右上方的“标点位”选中状态取消，如图 4-23 所示。

步骤 6：充电桩点位标定

充电桩点位的标定非常重要，用于机器人自动返回充电，以及充电时自动校正机器人的位置，需要尽量保证标定的精确性。具体步骤如下：

1）断开充电桩的电源，避免机器人做自动校正。

2）将机器人移动至充电桩上，使机器人充电触片与充电桩充分接触，如图 4-24 所示。

3）用浏览器打开远程监控页面，校正当前机器人的位置。

4）标定点位，属性值设置为“11”（充电桩）。

5）充电桩上电，测试是否标定成功。

学习笔记

图 4-23　点位标记结果

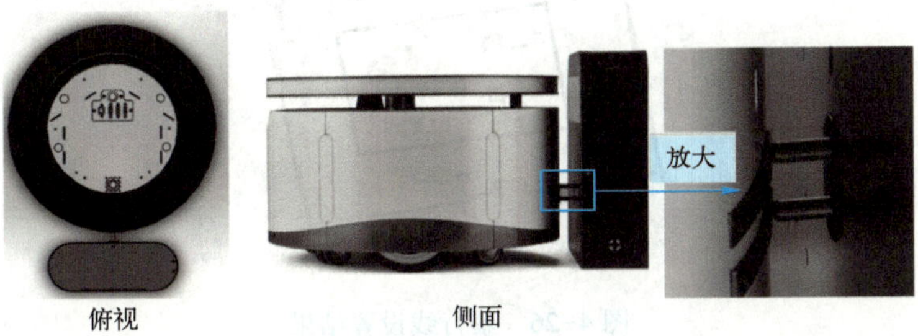

图 4-24　机器人充电示意图

注意： 1）标定充电桩点位前，先将充电桩固定，机器人处于充电状态时，在保持位置、角度不变的情况下进行点位标定操作，以保证机器人回到充电桩点位可以自行充电。

2）保证充电桩正前方 1.5 m 范围内没有障碍物，否则会影响自动返回充电功能。

3）充电桩位置不能有斜坡。

4）每台机器人仅支持标定一个充电桩点位，不同的机器人需要标定不同的充电桩点位。为了避免多个充电桩互相干扰，充电桩之间的间隔需要大于 1.5 m。

步骤 7：设置禁行线

1）绘制禁行线。选中“禁行线”按钮，在图中选中坐标后用鼠标单击拖出一个锚点（绿色箭头），鼠标停止的地方为禁行线延长点。如图 4-25 所示，鼠标停留在红点区域，则禁行线长度到红点区域。

2）设置禁行线名称。名称中可以包含字母、数字、下画线及中文，如果重名会自动删除之前重名的禁行线。

3）删除禁行线。双击已有禁行线，可以选择将其删除。

4）结束绘制。取消选中“禁行线”按钮，避免误操作，如图 4-26 所示。

学习笔记

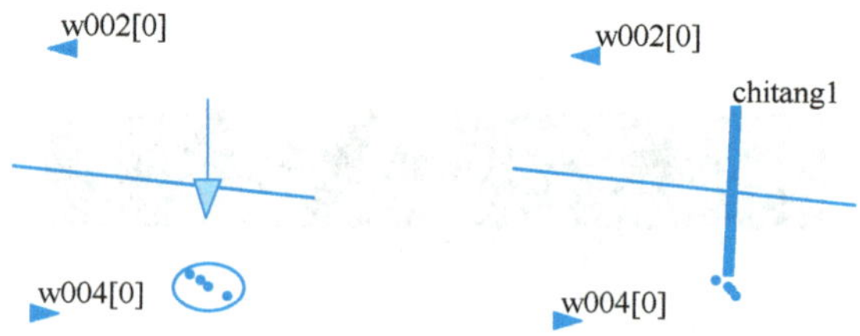

图 4-25　禁行线使用规范

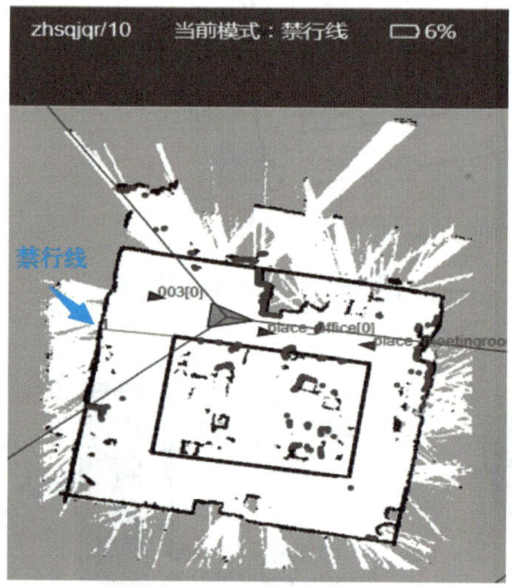

图 4-26　禁行线设置结果

步骤 8：功能测试

1）标记测试点。根据地图打点的流程，在地图上机器人可行走区域标记两个点位，分别为：

点位 1：名称为 place_chr，属性为 11（充电桩位置）。

点位 2：名称为 place_a，属性为 0。

2）位置校正。将机器人移动到点位 place_chr 位置（确保位置、角度正确且机器人状态为充电中），进入技术支持应用的“底盘避障测试”界面，单击“位置校正”按钮，如图 4-27 所示。

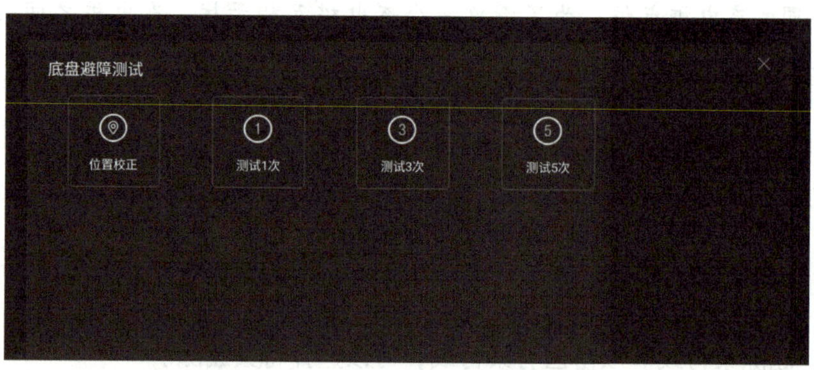

图 4-27　移动测试界面

3）移动测试。完成位置校正后，单击“测试 1 次”按钮。当机器人可以完成如下移动步骤说明整体功能正常：从充电桩位置 place_chr 移动到位置 place_a；到达位置 place_a 后，再移动返回到充电桩位置 place_chr，并自动充电。

学习笔记

思考与拓展

1. 在扫图中地图上存在一些临时障碍物，该如何处理？

2. 机器人的障碍物检测是否对障碍物的高度有要求？

任务 4.2 手动指令移动功能开发实现

任务目标

本任务通过使用机器人底盘接口 API，实现控制机器人的移动、转向等功能，让学生掌握利用底盘接口 API 开发控制机器人移动的功能，任务目标如下：

1. 了解机器人底盘功能，能够完成底盘基本操作。
2. 了解机器人底盘接口 API。
3. 掌握机器人底盘接口 API 的调用。

手动指令移动功能开发实现

任务分析

在前面任务中已经熟悉了机器人的地图构建，本任务将通过对机器人底盘移动能力 API 的调用，实现一个控制机器人移动的应用，任务实施流程如图 4-28 所示。

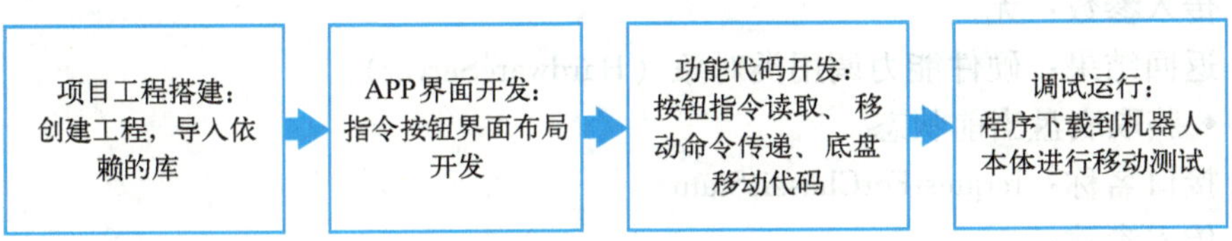

图 4-28 任务实施流程

学习笔记

能力接口方法提示

底盘能力接口

调用底盘能力，可实现底盘相关功能，包括移动、转向、网络设置等。

1）能力包名称：commonAbility-release1. 0. 3. 4. aar。

2）包名：com. starway. starrobot. commonability. HardwareServer。

HardwareServer 类设计如图 4-29 所示。

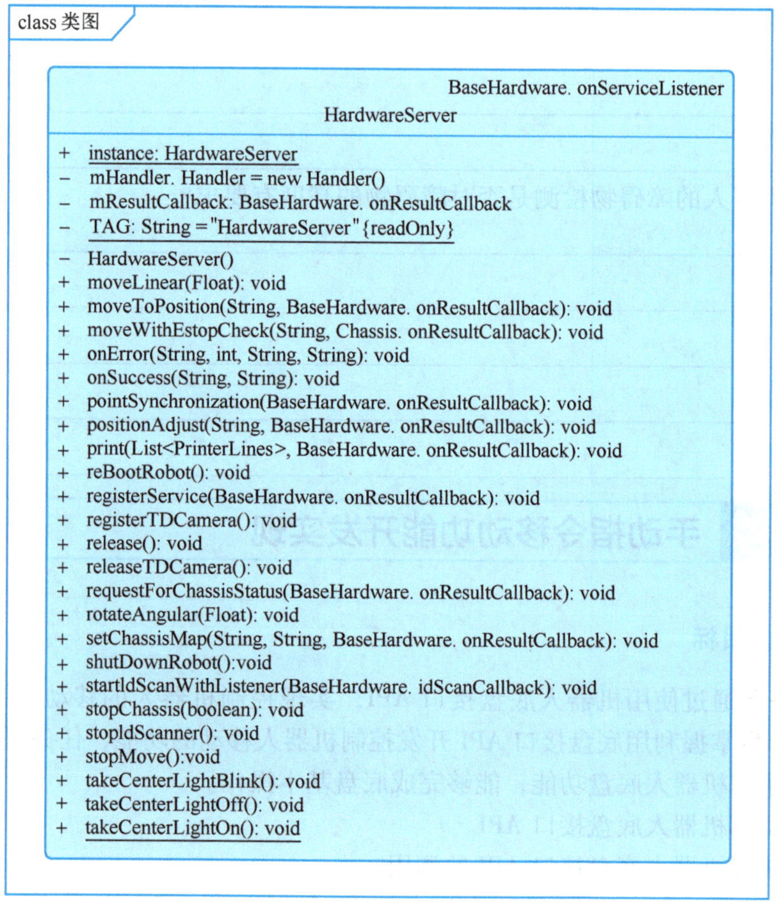

图 4-29 HardwareServer 类设计

◆ 单例接口

接口名称：getInstance

传入参数：无

返回结果：硬件能力调用类对象（HardwareServer）。

◆ 获取底盘当前状态

接口名称：requestForChassisStatus

传入参数：

学习笔记

参数名称	参数类型	备　注
callback	onResultCallback	位置校准结果回调

返回结果：void

接口说明：底盘的实时状态接口，状态反馈的频率是 1/s。

示例代码如下：

```
//获取实时状态
HardwareServer.getInstance().requestForChassisStatus(new BaseHardware.
    onResultCallback() {
        @Override
        public void onResult(boolean result, String message) {
            if(result) {
                //状态数据 message，类型为 json 字符串
            }
        }
});
```

实时状态 JSON 数据的结构说明示例如下：

```
{
    "results": {
        "charge_state": true,              //充电状态
        "current_floor": 10,               //所在地图楼层
        "current_pose": {                  //当前位置坐标
            "theta": -2.142893917286790,
            "x": 2.019999980926556,
            "y": -0.01999999955296075
        },
        "estop_state": true,               //急停状态
        "hard_estop_state": true,          //硬急停状态
        "move_retry_times": 0,             //移动失败后重新尝试次数
        "move_status": "running",          //当前移动状态
        "move_target": "003",              //当前移动任务的目标地点
        "power_percent": 89,               //剩余电量
        "soft_estop_state": false          //软急停状态
    },
    "topic": "robot_status",
    "type": "callback"
}
```

◆ 定点移动

接口名称：moveToPosition

传入参数：

学习笔记

参数名称	参数类型	备注
position	String	移动目的地
callback	onResultCallback	移动结果反馈

返回结果：void

示例代码如下：

```
HardwareServer. getInstance(). moveToPosition("office", new BaseHardware.
  onResultCallback() {
    @Override
    public void onResult(boolean isSuccess, String message) {
        if(isSuccess) {
            Log. d("Chassis", "移动成功到达目的地");
        }
        else {
            if(TextUtils. equals(message, "cancel")) {
                Log. e("Chassis", "移动指令取消，移动失败");
            }
            else if(TextUtils. equals(message, "failure")) {
                Log. e("Chassis", "移动失败");
            }
        }
    }
});
```

◆ 直线移动指定距离

接口名称：moveLinear

传入参数：

参数名称	参数类型	备注
distance	Float	移动距离

示例代码如下：

```
//机器人向前移动 0. 5 m
HardwareServer. getInstance(). moveLinear(0. 5f)
//机器人向后移动 0. 5 m
HardwareServer. getInstance(). moveLinear(-0. 5f)
```

◆ 旋转指定角度

接口名称：rotateAngular

传入参数：

参数名称	参数类型	备注
angle	Float	需要旋转的角度

学习笔记

示例代码如下：

```
//机器人顺时针旋转 30°
HardwareServer.getInstance().rotateAngular(30)
//机器人逆时针旋转 30°
HardwareServer.getInstance().rotateAngular(-30)
```

◆ 取消移动指令

接口名称：stopMove

传入参数：无

接口说明：调用取消移动指令后，机器人当前的移动任务（主要针对定点移动任务）取消，机器人停止移动。

示例代码如下：

```
//取消机器人移动
HardwareServer.getInstance().stopMove()
```

◆ 急停

接口名称：stopChassis

传入参数：

参数名称	参数类型	备注
status	boolean	机器人急停状态，true 表示急停，false 表示取消急停状态

接口说明：调用急停指令后，机器人停止移动，但是并没有取消当前的移动任务，当急停状态取消后，机器人继续之前的移动任务。

示例代码如下：

```
//机器人急停
HardwareServer.getInstance().stopChassis(true)
```

◆ 位置校准

接口名称：positionAdjust

传入参数：

参数名称	参数类型	备注
position	String	需要校准的位置
callback	BaseHardware.onResultCallback	位置校准结果回调

示例代码如下：

```
//机器人位置校准
HardwareServer.getInstance().positionAdjust("003", new BaseHardware.onResultCallback() {
    @Override
    public void onResult(boolean result, String message) {
        if(result) {
```

学习笔记

```
            Log.d("Chassis", "底盘位置校准成功");
        }
        else{
            Log.e("Chassis", "底盘位置校准失败，原因："+message);
        }
    }
});
```

◆ 获取地点列表

接口名称：pointSynchronization

传入参数：

参数名称	参数类型	备注
callback	BaseHardware.onResultCallback	位置校准结果回调

示例代码如下：

```
//获取机器人地点
HardwareServer.getInstance().pointSynchronization(new BaseHardware.onResultCallback(){
    @Override
    public void onResult(boolean result, String message){
        if(result){
            //结果数据 message 为 json 字符串
        }
        else{
            Log.e("Chassis", "底盘地点列表信息获取失败，原因："+message);
        }
    }
});
```

◆ 手动控制底盘移动、转向

接口名称：chassisMove

传入参数：

参数名称	参数类型	备注
angle	Float	角速度
linear	Float	线速度

接口说明：每调用一次接口，底盘移动（或旋转）0.5 s，移动（或旋转）速度为传入的参数值。

示例代码如下：

```
//向前移动
HardwareServer.getInstance().chassisMove(0f, 0.5f);
```

```
//向左转
HardwareServer. getInstance( ). chassisMove(0. 5f, 0f);
```

学习笔记

任务实施

步骤1：项目工程搭建及能力包导入

参考“任务1.3 机器人开发环境配置”中步骤7~9，完成工程搭建和能力包导入。

步骤2：APP界面开发

界面包含4个按钮，分别为“前进”“后退”“左转”和“右转”。主界面activity_main. xml代码如下：

```
<?xml version="1.0" encoding="utf-8"?>
<RelativeLayout xmlns:android="http://schemas.android.com/apk/res/android"
    xmlns:app="http://schemas.android.com/apk/res-auto"
    xmlns:tools="http://schemas.android.com/tools"
    android:layout_width="match_parent"
    android:layout_height="match_parent"
    tools:context=".MainActivity">
    <LinearLayout
        android:layout_width="match_parent"
        android:layout_height="50dp"
        android:layout_marginTop="100dp"
        android:visibility="visible">
        <Button
            android:id="@+id/fowardBtn"
            style="@android:style/Widget.Button"
            android:layout_width="100dp"
            android:layout_height="wrap_content"
            android:text="前进"
            android:visibility="visible" />
        <Button
            android:id="@+id/backBtn"
            android:layout_width="100dp"
            android:layout_height="wrap_content"
            android:layout_marginLeft="30dp"
            android:text="后退" />
        <Button
            android:id="@+id/rotateLeftBtn"
            android:layout_width="100dp"
            android:layout_height="wrap_content"
            android:layout_marginLeft="30dp"
            android:text="左转" />
```

学习笔记

```
            <Button
                android:id="@+id/rotateRightBtn"
                android:layout_width="100dp"
                android:layout_height="wrap_content"
                android:layout_marginLeft="30dp"
                android:text="右转" />
        </LinearLayout>
    </RelativeLayout>
```

步骤3：功能代码开发

用户通过 APP 界面按钮输入机器人移动指令，分为前进、后退、左转和右转，并将指令传递给机器人底盘进行移动。该功能代码开发流程如图4-30所示。

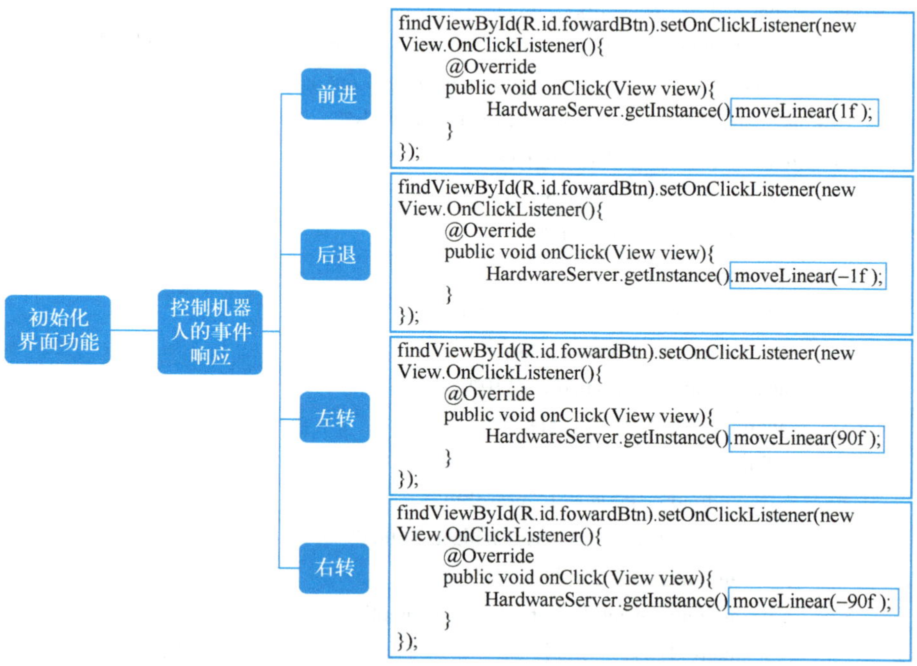

图4-30 手动命令机器人移动功能代码开发步骤

（1）能力的初始化

完成应用工程的搭建后，需要在 MyApp 类中进行机器人能力的初始化，具体的代码如下：

```
public class MyApp extends Application {
    @Override
    public void onCreate() {
        super.onCreate();
        init();
    }
    private void init() {
        StarLogAbility.getInstance().initAbility(this);
```

学习笔记

```
        //基础能力初始化
        StarCommonAbility. getInstance( ). initAbility( this,
                RobotType. TYPE_A, new StarCommonAbility. onResultCallback( ) {
                    @Override
                    public void onResult( boolean isSuccess, String hardCode) {
                        if ( isSuccess) {
                            //硬件和业务状态初始化
                            switch ( hardCode) {
                                case PartCode. HARDWARE_PARTCODE. CODE_
                                  EMOJI:
                                    //设置初始表情
                                    EmojiHelper. doEmojiBase( ) ;
                                    break;
                                case PartCode. HARDWARE_PARTCODE. CODE_
                                  GPIO:
                                    //默认加载时，将拾音方向设置为默认正前
                                      方的 0°
                                    GPIOHelper. getInstance( ). setMainMic(0) ;
                                    break;
                                case PartCode. HARDWARE_PARTCODE. CODE_
                                  CENTER_LIGHT:
                                    //关闭腹部灯带
                                    CenterLightHelper. takeCenterLightOff( ) ;
                                    break;
                                default:
                                    break;
                            }
                        }
                    }
                });
    }
}
```

（2）按钮控制机器人事件响应

对应用的界面控件进行初始化，通过单击界面按钮实现对机器人移动的控制，主要代码如下：

```
public class MainActivity extends AppCompatActivity {
    @Override
    protected void onCreate( Bundle savedInstanceState) {
        super. onCreate( savedInstanceState) ;
        setContentView( R. layout. activity_main) ;
        initUIView( ) ;
```

学习笔记

```
        }
        /**
         * 初始化界面功能
         * 单击按钮控制机器人移动
         */
        private void initUIView() {
            //前进
            findViewById(R.id.fowardBtn).setOnClickListener(new
              View.OnClickListener() {
                @Override
                public void onClick(View view) {
                    Log.i("test", "fowardBtn");
                    HardwareServer.getInstance().moveLinear(1f);
                }
            });
            //后退
            findViewById(R.id.backBtn).setOnClickListener(new View.OnClickListener() {
                @Override
                public void onClick(View view) {
                    Log.i("test", "backBtn");
                    HardwareServer.getInstance().moveLinear(-1f);
                }
            });
            //左转
            findViewById(R.id.rotateLeftBtn).setOnClickListener(new
              View.OnClickListener() {
                @Override
                public void onClick(View view) {
                    Log.i("test", "rotateLeftBtn");
                    HardwareServer.getInstance().rotateAngular(90f);
                }
            });
            //右转
            findViewById(R.id.rotateRightBtn).setOnClickListener(new
              View.OnClickListener() {
                @Override
                public void onClick(View view) {
                    Log.i("test", "rotateRightBtn");
                    HardwareServer.getInstance().rotateAngular(-90f);
                }
            });
        }
    }
```

学习笔记

（3）应用权限申请

应用获得权限的方式有动态权限申请和平台签名，本次任务采用平台签名的方式获得权限。具体的操作参考“任务 1.3　机器人开发环境配置”中的步骤 10。

步骤 4：调试运行

将机器人开发实验箱与计算机通过 USB 连接线进行连接，然后将应用下载到机器人开发实验箱运行。

当应用正确运行后，界面中出现四个按钮，如图 4-31 所示。

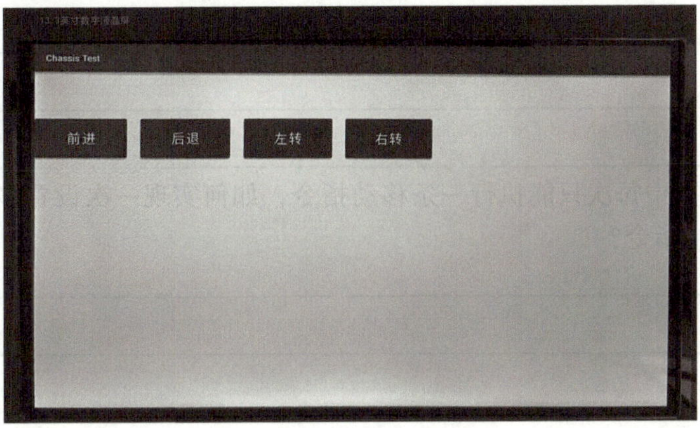

图 4-31　应用界面

单击界面上的按钮，系统提示相应移动指令，说明指令读取成功，如图 4-32 所示。

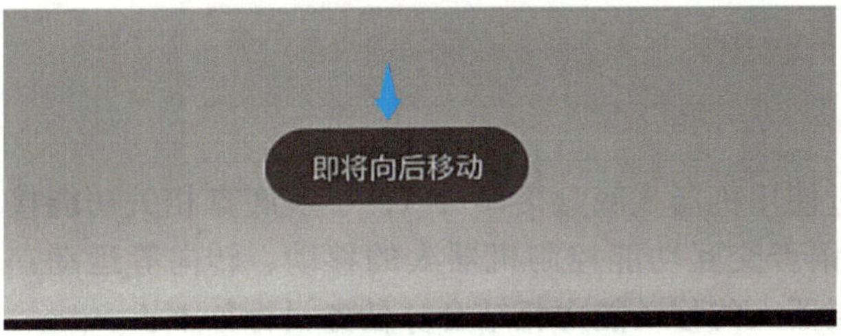

图 4-32　单击按钮后的提示信息

实验箱验证完成后，可以将程序下载到机器人本体上，查看机器人是否根据指令意图进行正确的移动和转向。

常见问题与解决方法

1）**错误信息：**应用在机器人本体上运行时，单击按钮机器人不移动，日志显示“底盘服务未连接”。

解决方法：如果机器人是刚刚启动的，机器人本体与底盘的自动连接需要一定时间，可以进入“技术支持”确认底盘跟机器人本体是否已经建立连接。

2）**错误信息：**单击应用界面上的按钮，机器人不移动，调试日志也没有错误输出。

学习笔记

解决方法： 检查机器人后背的急停按钮是否松开，如果机器人的急停按钮是按下去的状态，机器人无法移动。

思考与拓展

1. 本任务中下达每条指令后，机器人只移动固定距离，如何实现用户可自由设置移动距离值？

2. 本任务中每次只能执行一条移动指令，如何实现一次设置多条指令，机器人逐条执行指令？

任务 4.3 语音命令移动功能开发实现

语音命令移动功能开发实现 1

语音命令移动功能开发实现 2

语音命令移动功能开发实现 3

任务目标

本任务通过使用机器人底盘接口 API，了解底盘相关功能接口的调用方法，并结合 AIUI 的语音交互功能控制机器人的移动、转向等运动，基于 AIUI 平台将语音交互和机器人的移动能力相结合。任务目标如下：

1. 了解机器人底盘功能，掌握底盘扫图打点等基本操作。
2. 掌握机器人底盘接口 API 的调用方法。
3. 掌握基于语音交互控制机器人移动、转向的应用开发。

任务分析

在前面任务中已经熟悉了机器人的移动功能，本任务将采用语音交互控制机器人的方式，让机器人定向移动，任务实施流程如图 4-33 所示。

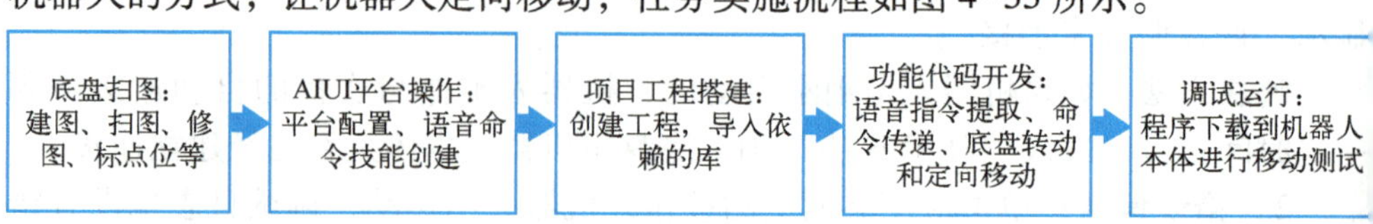

图 4-33 任务实施流程

学习笔记

能力接口方法提示

本任务涉及机器人底盘能力接口和 AIUI 语音能力接口，可参考任务 2.1 和任务 4.2 中的能力接口方法提示。

任务实施

步骤 1：地图构建

完成机器人的状态检查后，可对本任务中机器人移动场地的地图进行构建，并对机器人作业区域进行标点位等设置。

步骤 2：AIUI 平台设置

1）参考前导任务“任务 2.1　语音识别功能的开发实现”完成 AIUI 账号的申请和应用的添加，获取应用的 APPID 和 APPKey。

2）在应用配置界面开启应用的“语义理解”功能。

3）在“技能工作室”中添加技能“移动控制命令”，内容参考表 4-1。

表 4-1　技能标识及意图

技 能 标 识	意　　图	语　　料
move	forward	前进
	back	后退
	turnLeft	左转
	turnRight	右转

AIUI 平台“移动控制命令”技能构建如图 4-34 所示。

图 4-34　AIUI 平台“移动控制命令”技能构建

4）在应用配置界面完成自定义技能“控制指令”的添加。

5）保存应用配置。

步骤 3：项目工程搭建及能力包导入

参考“任务 1.3　机器人开发环境配置”中步骤 7～9，完成工程搭建和能力包导入。

学习笔记

步骤 4：功能代码开发

语音控制命令的提取是利用语音识别 AIUI 能力，解析出语义指令。该功能代码开发流程如图 4-35 所示。

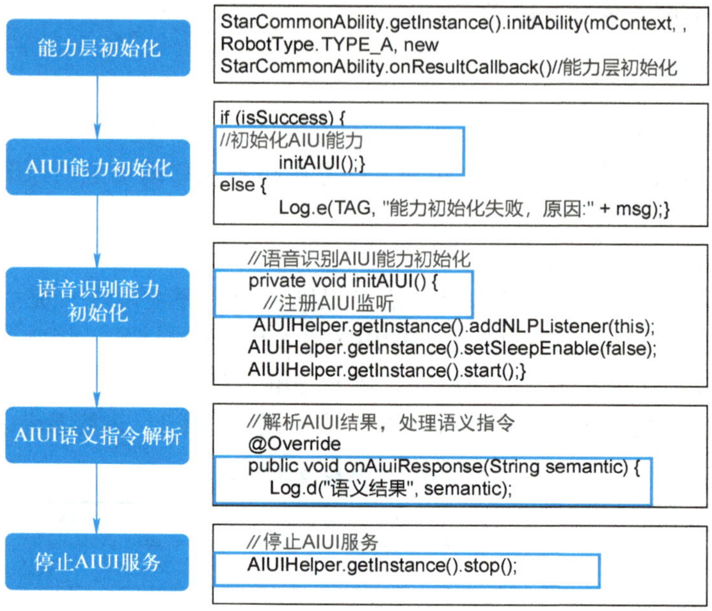

图 4-35　功能代码开发步骤

通过 AIUI 语音交互解析出语音指令后，传输给机器人底盘，命令其移动。AIUI 语义指令解析及底盘运动控制的代码开发步骤如图 4-36 所示。

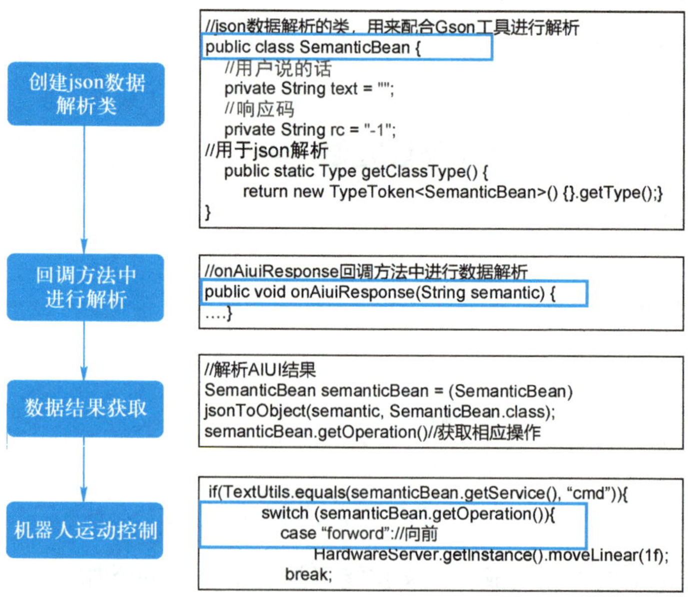

图 4-36　指令解析及底盘运动控制的代码开发步骤

(1) 能力初始化

完成应用工程的搭建后，需要在程序的入口 MyApp 类中进行机器人能力的初始化。参考“任务 4.2　手动指令移动功能开发实现”中能力的初始化步骤。

(2) AIUI 能力初始化和功能集成

本任务通过用户对机器人的语音指令控制机器人移动，所以在完成语义平台的数据设置之后，需要在应用中集成相关功能。

1) 在 MainActivity 中将 AIUI 能力进行注册，代码如下：

```
//语音识别 AIUI 能力初始化
private void initAIUI() {
    //初始化机器人 AIUI 能力
    AIUIAbility.getInstance().initAIUIAbility(getApplicationContext());
    //初始化语音合成能力
    SpeechHelper.getInstance().initSpeech(getApplicationContext());
    AIUIAbility.getInstance().addNLPListener(this);
    AIUIAbility.getInstance().start();
}
```

2) 还需要在应用停止时将 AIUI 能力进行释放，代码如下：

```
@Override
protected void onPause() {
    super.onPause();
    //停止 AIUI 服务
    AIUIAbility.getInstance().release();
}
```

3) 由于设置了 AIUI 能力回调在当前类中实现，所以要在类声明时进行接口实现，示例如下：

```
public class MainActivity implements NLPListener
```

4) 在 onStart 方法中进行引用，在之前的 onStart 方法中加上 AIUI 能力注册方法的调用，代码如下：

```
@Override
protected void onStart() {
    super.onStart();
    InitAIUI();
    …
}
```

5) 同时，还需要在当前类中对所有的 AIUI 回调方法进行实现，代码如下：

```
//解析 AIUI 结果，处理语义指令
@Override
public void onAiuiResponse(String semantic) {
}
@Override
public void onAiuiWakeUp() {
```

学习笔记

学习笔记

```
}
@Override
public void onAiuiSleep() {
}
@Override
public void onAiuiEvent(AIUIEvent aiuiEvent) {
}
@Override
public void onError(int code) {
}
```

到这里，就完成了 AIUI 的基本能力的集成。接下来需要对实际的语义结果（语音命令）进行响应处理。

（3）AIUI 语义指令解析

AIUI 的语义结果是在 onAiuiResponse 方法中进行反馈的，参数 semantic 反馈的是具体语义结果。需要对这个结果进行处理，解析语义指令，然后使机器人执行相应动作。在解析语义指令之前，需要建立一个数据结构类 SemanticBean. java，用来配合 Gson 对语义 JSON 数据做结构化处理。

在 MainActivity. java 类的 onAiuiResponse 方法中对语义进行解析，并根据具体的语义指令控制机器人做出相关动作，具体代码如下：

```
@Override
public void onAiuiResponse(String s) {
    try {
        Log.i("test", "test:" + s);
        JSONObject jsonObject = new JSONObject(s);
        Gson gson = new Gson();
        SemanticBean semanticBean =
          (SemanticBean)gson.fromJson(jsonObject.getString("intent"),
          SemanticBean.class);
        if (null == semanticBean) {
            return;
        }
        final TextView txtArea = (TextView) findViewById(R.id.txtArea);
        //获取 json 数据中的 semantic 字段
        SemanticBean.Semantic semantic = semanticBean.getSemantic().get(0);
        //获取 semantic 字段中的意图 intent
        String intent = semantic.getIntent();
        Log.e("intent",intent);
        switch (intent){
            case "forward":
                txtArea.setText("准备前进");
                HardwareServer.getInstance().moveLinear(1f);
```

学习笔记

```
                break;
            case "back":
                txtArea.setText("准备后退");
                HardwareServer.getInstance().moveLinear(-1f);
                break;
            case "turnLeft":
                txtArea.setText("准备左转");
                HardwareServer.getInstance().rotateAngular(90f);
                break;
            case "turnRight":
                txtArea.setText("准备右转");
                HardwareServer.getInstance().rotateAngular(-19f);
                break;
        }
    }
    catch (Exception e) {
        e.printStackTrace();
    }
}
```

步骤 5：功能测试

将机器人开发实验箱与计算机通过 USB 连接线进行连接，然后将应用下载到机器人开发实验箱运行。

分别对实验箱说出“前进”“后退”“左转”和“右转”，查看实验箱上是否显示相应提示，如图 4-37 所示。如果显示正确，说明语音交互能成功提取出移动命令。然后可将程序下载到机器人本体上进行测试。

图 4-37　发出语音“后退”指令后实验箱显示信息

学习笔记

常见问题与解决方法

错误信息：应用运行期间，对机器人说指令词时，机器人无任何响应，并且在调试日志中无 AIUI 反馈信息。

解决方法：首先，确保机器人已经连接网络，并且有外网的访问权限，然后，检查 AIUI 配置是否能够正确识别出语音命令。

思考与拓展

1. 机器人正在执行上一条指令且尚未完成，此时出现其他指令时机器人会如何反应？

2. 在程序设计中如何避免语音指令重复、干扰等情况？

项目评价

班级		姓名		学号		日期			
自我评价									
评价项目	评价内容	权重	A	B	C	D			
知识掌握	掌握地图管理、底盘数据传递设计流程	0.1							
	掌握底盘运动调用和数据传递方法	0.1							
能力提升	能够进行底盘的扫图打点等基本操作	0.1							
	能够调用机器人底盘接口 API	0.1							
	能够开发人机交互的方式，控制机器人进行预定点位的移动	0.15							
	能够在机器人开发实验箱、机器人本体上完成智能导航应用的开发与调试	0.15							
素养养成	态度端正，无缺席、迟到、早退现象	0.1							
	与小组成员、同学之间能沟通交流，协作工作	0.1							
	能按照 6S 规范标准做到整理整顿、清扫清洁、注意素养、安全操作	0.1							

学习笔记

（续）

小组评价						
评价项目	评价内容	权重	A	B	C	D
参与态度	在小组讨论中积极发言，主动操作调试	0.4				
协作精神	能积极配合小组成员完成工作任务	0.3				
能力提高	完成任务过程中能力有提升，学习有收获	0.3				
教师评价						
评价项目	评价内容	权重	A	B	C	D
能力包调用程序编写	功能流程实施正确	0.1				
	软（硬）件操作熟练	0.1				
	平台设置正确	0.1				
	正确调用能力包	0.1				
	正确编写代码	0.1				
模拟调试测试运行	功能调试正确	0.05				
	机器人操作规范	0.05				
	机器人运行正确	0.05				
	问题分析及解决记录	0.05				
	完成速度	0.05				
职业素养	设计创新能力	0.05				
	团队协作能力	0.05				
	汇报交流能力	0.05				
操作规范	工位收拾整齐	0.05				
	安全操作	0.05				

学习笔记

项目 5 服务机器人功能集成开发与应用

项目描述

本项目为机器人综合功能开发，由易到难分别进行语音交互与底盘移动功能的集成、人脸识别与语音交互功能的集成以及三种功能的综合集成，实现循声转向、个性化提醒、物品递送等功能，搭建一种能听会说、能看能动的服务机器人。

学习目标

知识目标：

1. 掌握语音唤醒、底盘循声转向以及表情协同功能集成开发流程。
2. 掌握语音交互、人脸识别与身份认证等功能间的数据传递流程。
3. 掌握语音交互与底盘移动之间的数据传递方法。

能力目标：

1. 能够实现语音交互、表情协同和循声转向功能的集成开发。
2. 能够实现人脸识别、身份认证与语音交互定制提醒的功能集成开发。
3. 能够实现通过语音命令机器人智能递送物品的功能集成开发。

素质目标：

1. 通过解决功能集成中的问题，增强学生独立思考并解决问题的能力。
2. 通过程序调试和纠错，加强逻辑思维和培养精益求精的工匠精神。

学习载体

硬件环境	实验箱	机器人实验箱
	机器人	服务机器人本体
	本地计算机	CPU：酷睿 i3 四代 2.0 GHz 以上 内存：4 GB 以上
软件环境	开发语言	Java
	开发工具	Android Studio 3.0.1 以上、ADB（1.0.40 版本）、JDK 1.8
	开放平台	AIUI 开放平台、讯飞开放平台
依赖模块/库	能力包	机器人基础能力包：commonAbility-release.aar 机器人日志辅助包：starrobot-logability.aar AIUI 能力包：aiuilibrary-release.aar

学习笔记

任务 5.1　循声转向与表情协同功能实现

任务目标

本任务在项目 2 的基础上将智能语音与表情协同、底盘循声转向等功能进行集成，进而提升亲情化交互体验。任务目标如下：

1. 根据调研分析设计聊天咨询问答库，构建 AIUI 语料。
2. 将语音交互与机器人表情设置功能集成，体现亲切与智能。
3. 将语音唤醒与机器人底盘转动功能集成，实现机器人唤醒后能循声转向用户。

任务分析

本任务的难点是语音交互、表情协同与底盘循声转向功能的集成开发和数据传递流程。根据语音唤醒检测的语音方向角度，开发实现底盘循声转向功能；根据 AIUI 返回的 JSON 数据提取情感标签并配置机器人表情。任务实施流程如图 5-1 所示。

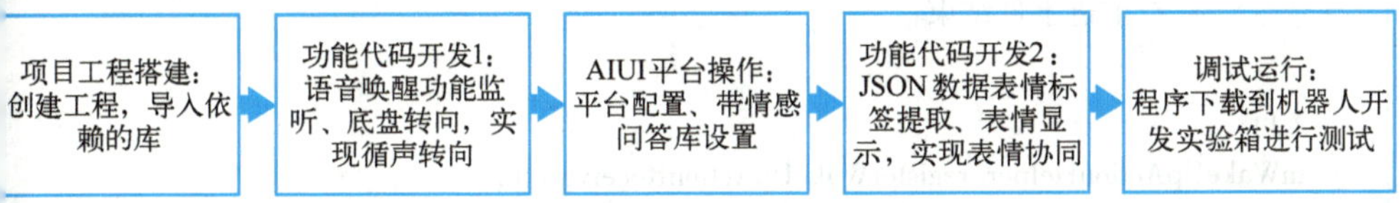

图 5-1　任务实施流程

能力接口方法提示

该任务在集成语音识别能力接口 AIUIAbility 及语音合成能力接口 SpeechHelper 的基础上，还需要使用语音唤醒接口和表情设置接口。

（1）语音唤醒接口

语音唤醒是基于机器人麦克风阵列的一种唤醒模式，通过对机器人说指定的唤醒词（默认“小途小途”），应用中获取唤醒事件、唤醒的角度（发声位置相对于机器人的角度）信息，以达到实现业务唤醒的目的。

◆ 注册唤醒事件

接口名称：setOnWakeUpActionListener

传入参数：无

接口说明：

1）唤醒后根据具体任务要求设置主麦的方向（如果不需要机器人转向，主麦角度设置为正前方，数值为 0；如果需要转向，可以设置为唤醒的角度值）。

2）出于安全考虑，机器人唤醒成功后只支持旋转到面向唤醒方向，不再支持移动前进打招呼。

3）如果需要唤醒后转向，请确保机器人背后的急停按钮是松开状态。

示例代码如下：

学习笔记

```
private WakeUpActionHelper mWakeUpActionHelper;
//初始化
mWakeUpActionHelper = new WakeUpActionHelper(mContext);
mWakeUpActionHelper.setOnWakeUpActionListener(new
WakeUpActionHelper.OnWakeUpActionListener() {
    @Override
    public boolean getAngle(int angle) {
        //设置主麦
        GPIOHelper.getInstance().setMainMic(0);
        //是否唤醒后机器人转向唤醒方向(true 转向, false 不转向)
        return true;
    }
    @Override
    public void onRotateEnd(int angle) {
        //旋转事件结束
    }
    @Override
    public void onForwardEnd() {
        //前进事件结束
    }
});
mWakeUpActionHelper.registerWakeUpActionReceiver();
```

◆ 注销唤醒事件

接口名称：unregisterWakeUpActionReceiver

传入参数：无

示例代码如下：

```
if (null != mWakeUpActionHelper) {
    mWakeUpActionHelper.unregisterWakeUpActionReceiver();
    mWakeUpActionHelper = null;
}
```

(2) 表情设置接口

◆ 切换表情

接口名称：doEmojiAction

传入参数：

参数名称	参数类型	备　注
mode	int	需要显示的表情

接口说明：当前版本支持的表情类型包括：

- EmojiAction.MODE.EYE_SHUT_DOWN，关机。
- EmojiAction.MODE.EYE_OPERATE_BASE，默认表情。

学习笔记

- EmojiAction. MODE. EYE_OPERATE_ANGLE，生气。
- EmojiAction. MODE. EYE_OPERATE_DIZZY，晕。
- EmojiAction. MODE. EYE_OPERATE_QUESTION，疑问。
- EmojiAction. MODE. EYE_OPERATE_SAD，伤心。
- EmojiAction. MODE. EYE_OPERATE_SLEEP，睡觉。
- EmojiAction. MODE. EYE_OPERATE_WAIT，等待。
- EmojiAction. MODE. EYE_OPERATE_BLINK，闪烁。
- EmojiAction. MODE. EYE_OPERATE_BORED，无聊。
- EmojiAction. MODE. EYE_OPERATE_CAMERA，拍照。
- EmojiAction. MODE. EYE_OPERATE_HAPPY，开心。
- EmojiAction. MODE. EYE_OPERATE_LOVE，爱心。
- EmojiAction. MODE. EYE_OPERATE_WEEP，哭泣。
- EmojiAction. MODE. EYE_OPERATE_WIFI，联网。
- EmojiAction. MODE. EYE_OPERATE_SURPRISED，吃惊。
- EmojiAction. MODE. EYE_OPERATE_V2_DAZE，待唤醒表情多个表情随机。
- EmojiAction. MODE. EYE_OPERATE_V2_WAKEUP，唤醒状态。
- EmojiAction. MODE. EYE_OPERATE_V2_INTERACT，交互中状态。
- EmojiAction. MODE. EYEOPERATE_V2_UNKNOWN，听不懂状态。

示例代码如下：

```
//机器人做开心表情
HardwareServer. getInstance( ). doEmojiAction( EmojiAction. MODE. EYE_OPERATE_HAP-
  PY);
```

任务实施

1. 循声转向功能开发

步骤1：工程搭建及能力包导入

参考“任务1.3　机器人开发环境配置”中步骤7~9，完成工程搭建和能力包导入。

步骤2：功能代码开发

1）在应用工程的入口MainActivity. java文件的onCreate中进行AIUI能力和语音合成能力初始化，并设置发音人，具体代码如下：

```
//AIUI 能力初始化
AIUIAbility. getInstance( ). initAIUIAbility( this);
AIUIAbility. getInstance( ). addNLPListener( this);
AIUIAbility. getInstance( ). setAiuiSubType( AIUIAbility. AiuiSubType. NLP);
//语音合成能力初始化
SpeechHelper. getInstance( ). initSpeech( this);
SpeechHelper. getInstance( ). setVoicer( "xiaoying");
```

学习笔记

2）设置语音唤醒功能监听器，当监听到“小途小途”语音后，将唤醒后机器人转向唤醒方向的参数设置为 true。同时，当唤醒后，播报提示音“你好，我是小途，有什么可以帮您?”并在屏幕上显示“小途已唤醒”文本。具体代码如下：

```
mWakeUpActionHelper = new WakeUpActionHelper(this);
mWakeUpActionHelper.setOnWakeUpActionListener(new
WakeUpActionHelper.OnWakeUpActionListener() {
    @Override
    public boolean getAngle(int angle) {
        //设置主麦
        GPIOHelper.getInstance().setMainMic(0);
        SpeechHelper.getInstance().initSpeech(MainActivity.this);
        SpeechHelper.getInstance().speak("你好，我是小途，有什么可以帮您?");
        Log.e(TAG, "小途已唤醒");
        AIUIAbility.getInstance().start();
        Log.e(TAG,"AIUIAbility.getInstance().start()");
        EmojiHelper.doEmojiLove();      //设置表情
        Log.e("angle",""+angle);
        return true;
    }
```

2. 表情协同功能开发

步骤 1：AIUI 平台语料库设计

1）进入 AIUI 开放平台，在“技能工作室”中进入“我的问答库”，单击“创建问答库”按钮，将问答库起名为“带情感的聊天”，如图 5-2 和图 5-3 所示。

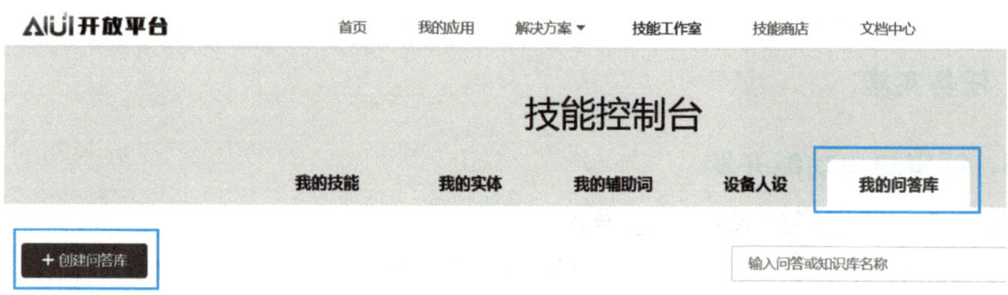

图 5-2 “技能控制台”界面

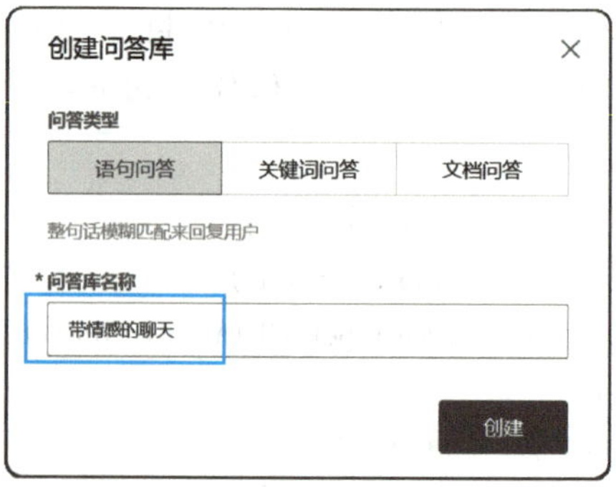

图 5-3 “创建问答库”界面

学习笔记

2）单击“创建主题”按钮，设置两个问答，一个为积极的回答，一个为消极的回答，如图 5-4 所示。

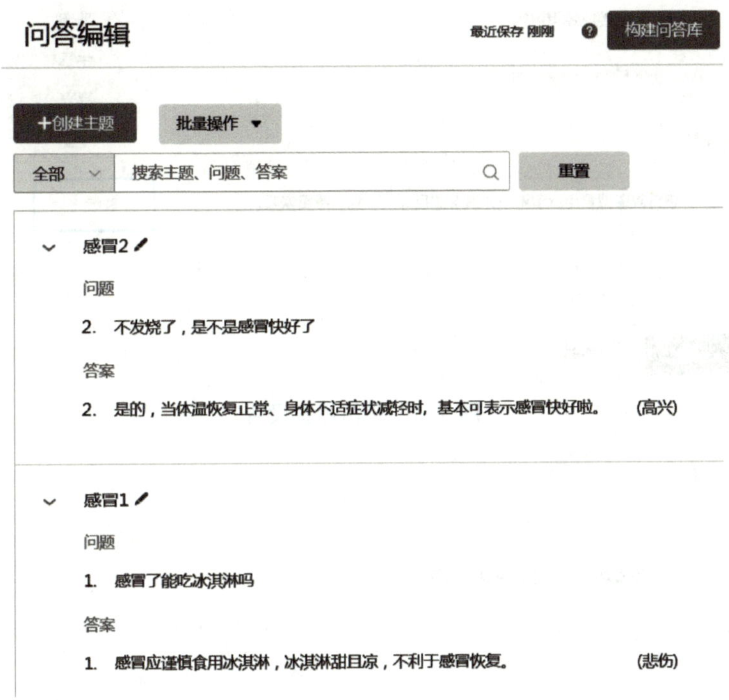

图 5-4　问答库的设置

例如，问答内容可设置如下：

问题 1：感冒了能吃冰淇淋吗？

回答 1：感冒应谨慎食用冰淇淋，冰淇淋甜且凉，不利于感冒恢复。（消极情感）

问题 2：不发烧了，是不是感冒快好了？

回答 2：是的，当体温恢复正常、身体不适症状减轻时，基本可表示感冒快好啦。（积极情感）

3）为了使机器人能够实现带表情的问答，可在问答库的回答中设置相应的情感标签。系统可选的情感标签有 5 种，对应的英文标签见表 5-1。

表 5-1　AIUI 平台上情感标签种类

情感标签	默认	悲伤	生气	高兴	中立
英文标签	default	sorrow	angry	happy	neutral

将消极“回答 1”的情感标签设置为“悲伤”，将积极“回答 2”的情感标签设置为“高兴”，分别如图 5-5 和图 5-6 所示。

4）问答库构建完毕后，单击“保存”和“构建问答库”按钮，并发布上线，如图 5-7 所示。

学习笔记

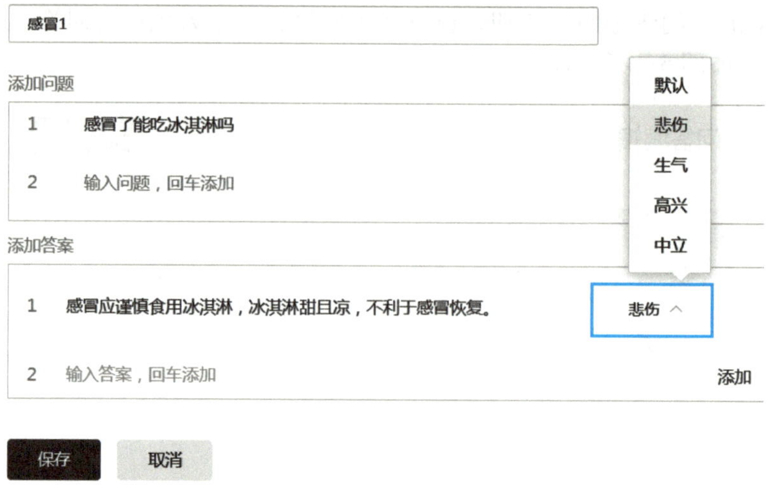

图 5-5 悲伤标签设置

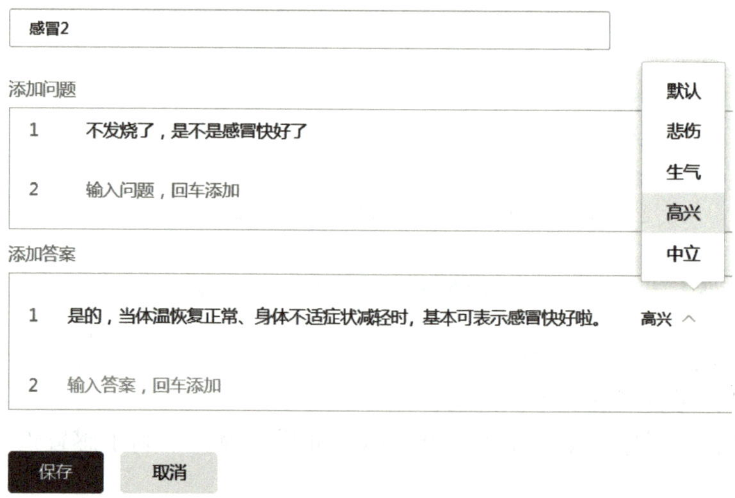

图 5-6 高兴标签设置

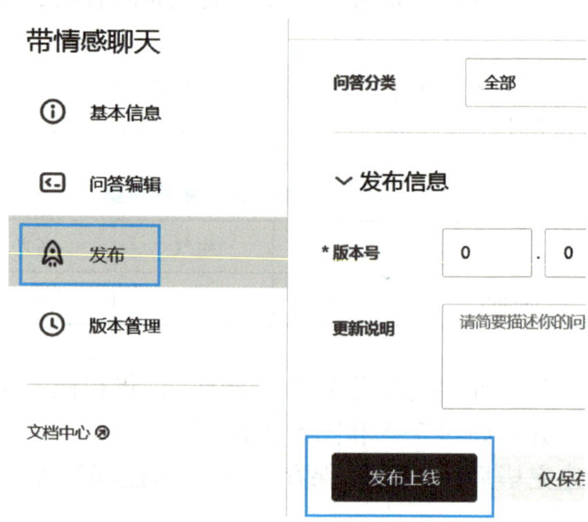

图 5-7 问答库发布

学习笔记

步骤 2：AIUI 平台问答测试

在“问答库体验”界面中输入问题进行模拟测试，查看 JSON 数据中情感标签的位置。当问答库问题测试回答正常时，在返回的 JSON 数据中，情感标签信息会存在于“emotion”值中，如图 5-8 和图 5-9 所示。

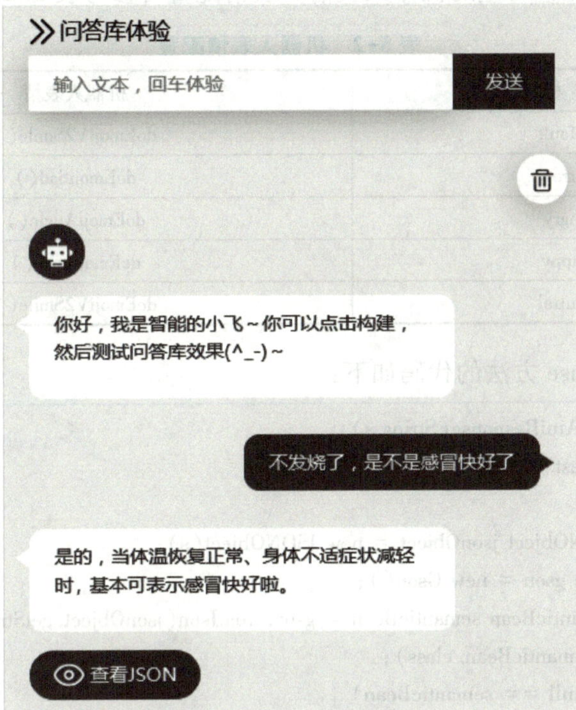

图 5-8　问答库体验界面

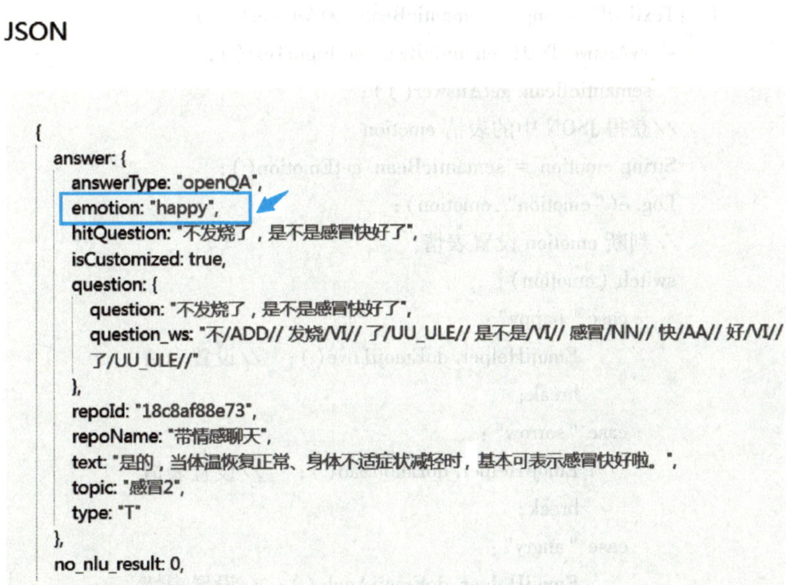

JSON

{
answer: {
answerType: "openQA",
emotion: "happy",
hitQuestion: "不发烧了，是不是感冒快好了",
isCustomized: true,
question: {
question: "不发烧了，是不是感冒快好了",
question_ws: "不/ADD// 发烧/VI// 了/UU_ULE// 是不是/VI// 感冒/NN// 快/AA// 好/VI// 了/UU_ULE//"
},
repoId: "18c8af88e73",
repoName: "带情感聊天",
text: "是的，当体温恢复正常、身体不适症状减轻时，基本可表示感冒快好啦。",
topic: "感冒2",
type: "T"
},
no_nlu_result: 0,

图 5-9　返回的 JSON 数据案例

学习笔记

步骤 3：功能代码开发

1）在应用工程 MainActivity. java 文件的 onAiuiResponse 方法中进行 AIUI 语音识别，并接收返回的 JSON 数据。

2）根据 JSON 数据结构，从中提取出情感标签信息“emotion”，并根据“emotion”值来配置对应的机器人表情。表情配置可参考表 5-2。

表 5-2　机器人表情配置

情感标签	机器人表情
default	doEmojiV2Smile( )
sorrow	doEmojiSad( )
angry	doEmojiAngle( )
happy	doEmojiLove( )
neutral	doEmojiV2Smile( )

onAiuiResponse 方法的代码如下：

```
public void onAiuiResponse(String s) {
    Log. i("test", "test" + s);
    try {
        JSONObject jsonObject = new JSONObject(s);
        Gson gson = new Gson();
        SemanticBean semanticBean = gson. fromJson(jsonObject. getString("intent"),
          SemanticBean. class);
        if (null == semanticBean) {
            return;
        }
        if (!TextUtils. isEmpty(semanticBean. getAnswer())) {
            showAnswerText(semanticBean. getInputText(),
              semanticBean. getAnswer());
            //获得 JSON 中的表情 emotion
            String emotion = semanticBean. getEmotion();
            Log. e("emotion", emotion);
            //判断 emotion 设置表情
            switch (emotion) {
                case "happy":
                    EmojiHelper. doEmojiLove();   //设置表情
                    break;
                case "sorrow":
                    EmojiHelper. doEmojiSad();    //设置表情
                    break;
                case "angry":
                    EmojiHelper. doEmojiAngle(); //设置表情
                    break;
```

学习笔记

```
                    case "neutral":
                        EmojiHelper.doEmojiV2Smile();      //设置表情
                        break;
                }
            }
        } catch (Exception e) {
            e.printStackTrace();
        }
    }
```

步骤4：应用权限申请

应用获得权限的方式有动态权限申请和平台签名，本次任务采用平台签名的方式获得权限。具体的操作参考“任务1.3　机器人开发环境配置”中的步骤10。

步骤5：功能测试

将机器人开发实验箱与计算机通过USB连接线进行连接，然后将应用下载到实验箱上运行。实验箱测试成功后可以下载机器人本体进行功能体验。

首先，进行循声转向功能的测试，具体步骤如下：

1）循声转向功能涉及底盘运动，需要在机器人本体上进行测试。将程序下载到机器人后，初始将机器人正向摆放（0°方向），如图5-10所示。

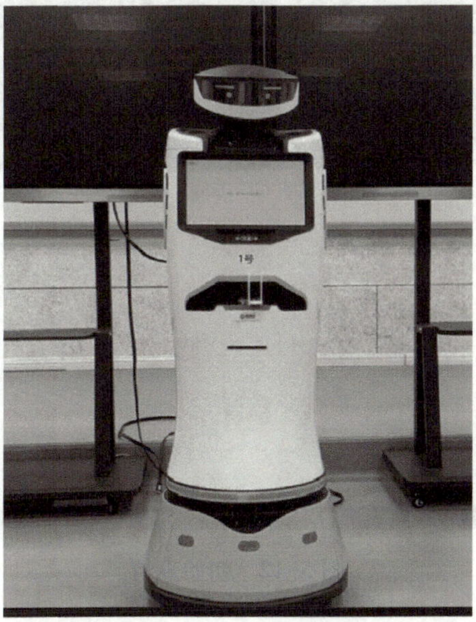

图5-10　机器人初始朝向

2）开发者站在机器人的正左边（+90°方向），通过语音命令“小途小途”进行唤醒，观察机器人是否能够正确转向开发者，如图5-11a所示。

3）开发者站在机器人的正右边（-90°方向），通过语音命令“小途小途”进行唤醒，观察机器人是否能够正确转向开发者，如图5-11b所示。

学习笔记

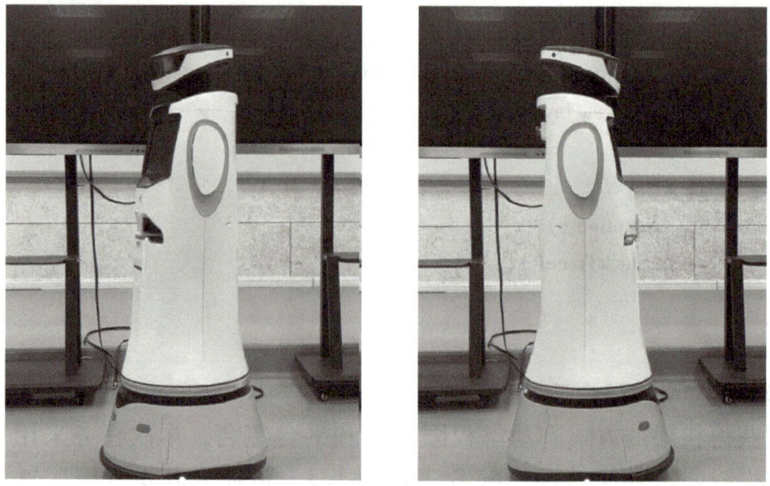

a) b)

图 5-11 正左边和正右边唤醒机器人后底盘转动

然后，进行表情协同功能的测试，具体步骤如下：

1）表情协同功能可先在实验箱上进行测试。首先，通过“小途小途”唤醒机器人，实验箱上的模拟眼睛显示初始表情，如图 5-12 所示。

图 5-12 初始表情

2）面对实验箱说话“感冒了能吃冰淇淋吗?”，查看实验箱显示的回答文本和语音播报内容是否为设置的内容，以及表情是否为悲伤，如图 5-13 所示。

3）面对实验箱说话“不发烧了，是不是感冒快好了?”，查看实验箱显示的回答文本和语音播报是否为设置内容，以及表情是否为高兴，如图 5-14 所示。

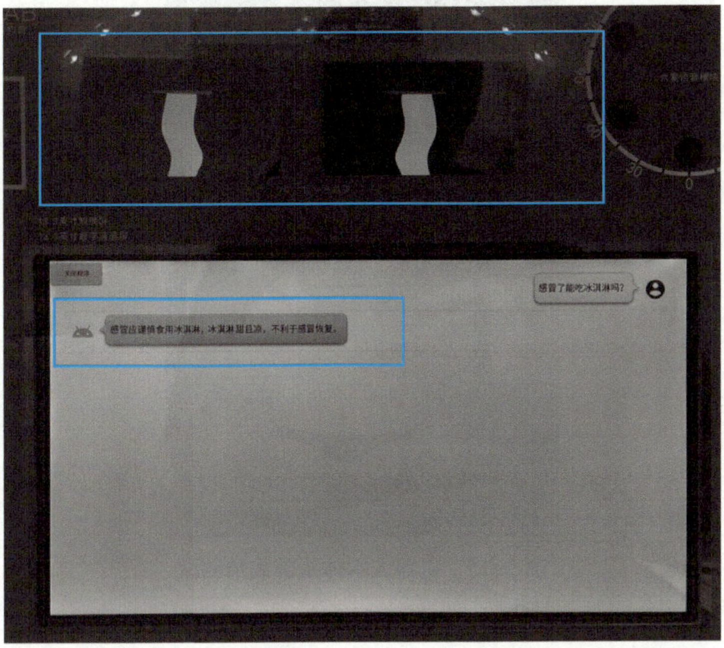

图 5-13　悲伤表情

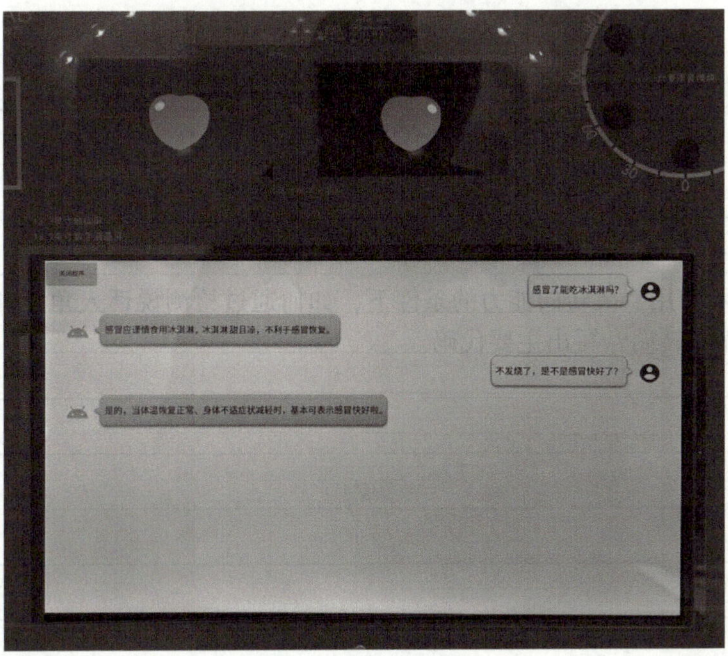

图 5-14　高兴表情

4）实验箱测试成功后，可以下载到机器人本体进行功能体验。观察在特定语音交互内容下，机器人头部表情是否与设置的一致，如图 5-15 所示。

学习笔记

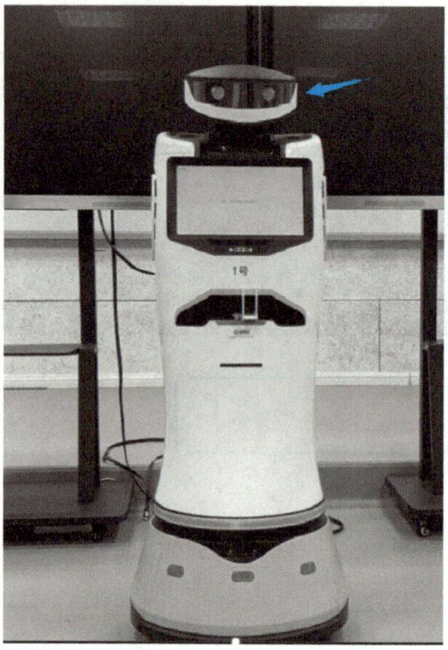

图 5-15　机器人本体头部表情测试

思考与拓展

1. 在表情协同的同时，如何配合头部动作更好地实现亲情化聊天，如点头、摇头等？

2. 在不使用唤醒转向能力的条件下，如何通过检测说话人角度和底盘转动控制实现循声转向？写出主要代码。

学习笔记

任务 5.2　身份识别与定制提醒功能实现

任务目标

本任务在项目 2 和项目 3 的基础上，通过集成机器人的语音交互、人脸识别和身份认证等功能，实现通过人脸识别获取用户姓名等信息，然后根据姓名设定特定的欢迎词和提醒等功能。具体目标如下：

1. 能够从人脸识别返回数据中提取注册姓名等信息。
2. 掌握语音交互、人脸识别与身份认证等功能间的数据传递流程。
3. 能够根据身份识别结果播报特定的语音提醒。

任务分析

本任务需要集成语音交互、人脸识别与身份认证等功能，重点在于从人脸识别返回数据中提取注册姓名，并根据姓名设置个性化欢迎词或提醒等语音播报。任务实施流程如图 5-16 所示。

图 5-16　任务实施流程

能力接口方法提示

该任务需要的能力接口包括：语音识别能力接口 AIUIAbility、语音合成能力接口 SpeechHelper 和底盘能力接口 HardwareServer。可参考前导项目中的能力接口方法使用提示。

任务实施

步骤 1：工程搭建及能力包导入

参考“任务 1.3　机器人开发环境配置”中步骤 7～9，完成工程搭建和基础能力包导入。参考“任务 3.1　人脸识别功能开发实现”中的步骤 3，完成项目 MSC 能力导入。

步骤 2：功能代码开发

AIUI 语音功能代码和人脸识别功能代码在前置项目中已详细讲解，这里主要讲述从人脸识别结果中提取姓名并播报特定语音提醒的代码开发，具体步骤如下：

1）在应用工程 MainActivity. java 文件的 getBitmap 方法中进行人脸识别结果的获取，即通过 faceVerifyHelper 类中 setFaceVerifyResultCallback 接口返回人脸识别结果 Result。主要代码如下：

学习笔记

```
public void getBitmap(final Bitmap bitmap) {
    final Timer timer = new Timer();
    TimerTask timerTask = new TimerTask() {
        @Override
        public void run() {
            mBitmap = bitmap;
            faceVerifyHelper.setFaceVerifyResultCallback(new
              StarMscAbility.onResultCallback() {
                @Override
                public void onResult(boolean flag, String result) {
                    //返回参数 flag 为人脸识别结果
                    Log.e("Result", "flag=" + flag);
                    Log.e("Result", "result=" + result);
                    if (flag) {
                      ……        //姓名提取
                    }
                }
            });
            faceVerifyHelper.sendGroupVerify(mGroupId, mBitmap);
        }
    };
    timer.schedule(timerTask, 1000, 1000);
}
```

2）在 getBitmap 方法中对返回的结果 Result 进行处理，从中提取出姓名等信息。需要注意的是，Result 中返回的姓名信息并不是真正姓名，而是一串数字代码。这就需要使用 getSharedPreferences( )方法从 SharedPerferences 存储中，根据数字代码提取对应的姓名。主要代码如下：

```
sharedPreferences = getSharedPreferences("faceInformation",
Context.MODE_PRIVATE);                            //查询 SharedPerferences 存储
String name = sharedPreferences.getString(result, ""); //获得 result 对应的姓名信息
```

3）根据提取到的姓名信息进行判断，利用语音合成 speak( )方法来实现特定语音播报。例如，当人脸识别结果为注册时姓名为“张三”的用户，那么就播报提示音“张先生，你好，你的会议安排在 203 会议室”。具体代码如下：

```
if (flag) {
    if ("".equals(result)) {
        timer.cancel();
    }
    if (!"".equals(result)) {
        sharedPreferences = getSharedPreferences("faceInformation",
          Context.MODE_PRIVATE);
```

```
            String name = sharedPreferences.getString(result, ""); //获得识别的姓名信息
            Toast.makeText(MainActivity.this,name,Toast.LENGTH_SHORT).show();
            Log.e("name", "name=" + name);
            switch(name.trim()){                                    //判断姓名
                case "张三":
                    SpeechHelper.getInstance().speak("张先生,你好,你的会议安排在
                      203 会议室");
                    break;
                case "李四":
                    SpeechHelper.getInstance().speak("李先生,你好,你的会议安排在
                      204 会议室");
                    break;
                default:
                    Toast.makeText(MainActivity.this,"识别不成功",Toast.LENGTH_
                      SHORT).show();
                    SpeechHelper.getInstance().speak("识别不成功");
                    break;
            }
            timer.cancel();
        }else{
            Toast.makeText(MainActivity.this,"没有匹配到人脸",Toast.LENGTH_
              SHORT).show();
            SpeechHelper.getInstance().speak("没有匹配到人脸");
        }
    } else {
        Toast.makeText(MainActivity.this,"没有匹配到人脸",Toast.LENGTH_SHORT).
          show();
    }
```

步骤 3：功能测试

将机器人开发实验箱与计算机通过 USB 连接线进行连接，然后将应用下载到实验箱上运行。实验箱测试成功后可以下载到机器人本体进行功能体验。测试步骤如下：

1）查看摄像头是否正常打开，开发者通过语音“小途小途”唤醒机器人，唤醒成功后会自动进入人脸识别进程，如图 5-17 所示。

2）人脸识别进程中会自动拍摄人脸，并进行人脸识别。当识别结果反馈没有注册人脸时，会显示“没有匹配到人脸”，此时需要先注册。

3）开发者语音命令“我要注册”，程序进入注册界面。将身份证放置于身份证阅读器处，单击“获取身份证信息并注册”按钮进行注册，如图 5-18 所示。

身份证读取和注册成功后，会弹窗显示身份证号码和注册分组等信息，如图 5-19 所示。

学习笔记

学习笔记

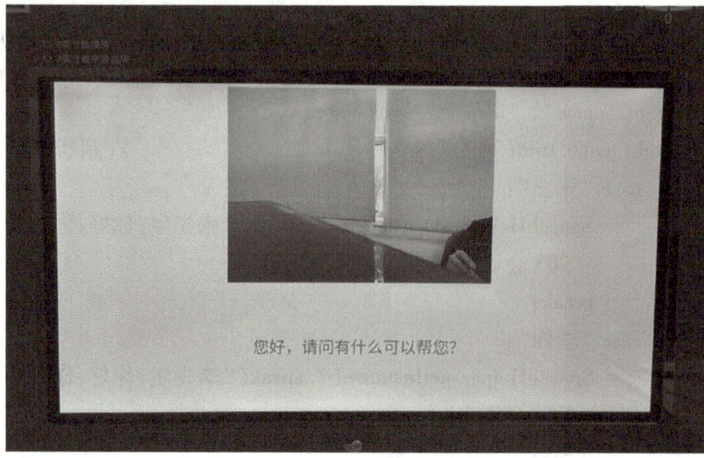

图 5-17　人脸识别界面

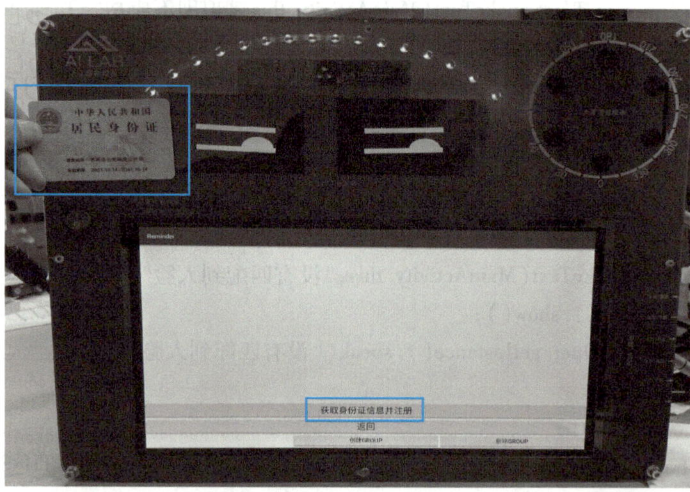

图 5-18　身份证注册操作

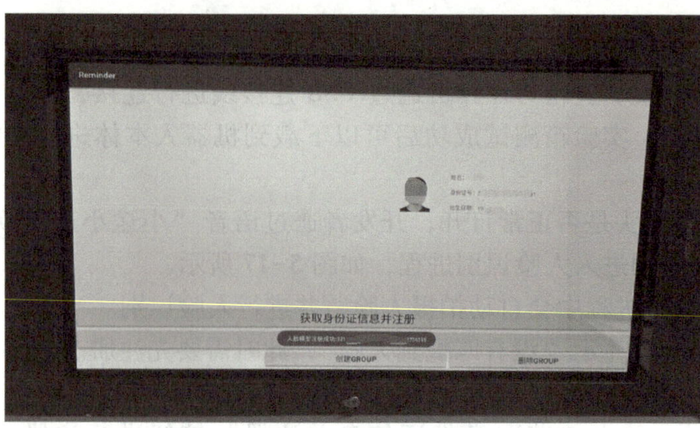

图 5-19　身份证注册结果提示

4）开发者再次通过语音“小途小途”唤醒机器人，进入自动人脸识别进程。人脸识别成功后会提示人脸识别结果（姓名），并显示和播报程序中为该客户定制的提醒，如图 5-20 所示。

图 5-20　人脸识别结果及个性化提醒

学习笔记

思考与拓展

1. 人脸识别不成功时，如何提醒用户再次识别和注意人脸拍摄角度等？写出关键代码。

2. 案例中根据人脸识别结果给出固定语音提醒，如何通过查询数据库来定制提醒信息？写出关键代码。

学习笔记

任务 5.3 地点引领与物品递送功能实现

任务目标

本任务在项目 2 和项目 4 的基础上，通过集成机器人的语音交互、底盘移动等功能，实现通过语音交互命令机器人移动和进行物品递送等功能，并在特定地点机器人能够进行语音播报。通过综合功能集成开发，培养知识迁移能力和逻辑思维能力。具体目标如下：

1. 掌握实现语音交互与底盘移动之间的数据传递。
2. 实现根据用户语音命令机器人定点移动的功能开发。
3. 实现根据底盘移动状态播报特定提醒语音的功能开发。

任务分析

本任务需要集成语音交互、底盘移动等功能，重点在于从语音交互 JSON 数据中提取移动命令，并传递给机器人底盘，基于地图进行移动和避障，自动导航到指定位置点，并播报特定提醒语音。任务实施流程如图 5-21 所示。

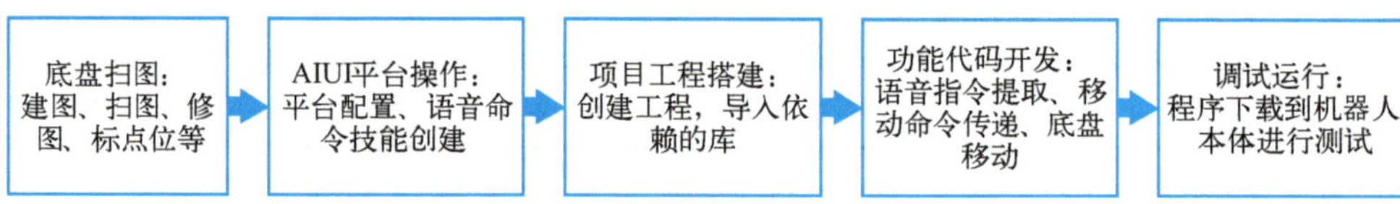

图 5-21 任务实施流程

能力接口方法提示

该任务需要的能力接口包括：语音识别能力接口 AIUIAbility，语音合成能力接口 SpeechHelper 和底盘能力接口 HardwareServer。可参考前置项目中的能力接口方法使用提示。

任务实施

步骤 1：地图构建和点位标注

完成机器人的状态检查后，对本次任务中机器人移动场地的地图进行构建，并且在地图上标记出机器人移动地点（即地图打点），点位信息参考表 5-3。

表 5-3 点位信息

点位名称	点位编码
黑板	blackboard
第一组	group1
第二组	group2
第三组	group3

学习笔记

（续）

点位名称	点位编码
第四组	group4
充电桩	place_charge

步骤 2：AIUI 平台设置

1）完成 AIUI 账号的申请和应用的添加，获取应用的 APPID 和 APPKEY。

2）在应用配置界面开启应用的“语义理解”功能。

3）构建技能。在“技能工作室”中创建技能“移动控制命令”，英文标识设置为 move。然后，在“意图”中创建意图“定点移动”，英文标识为 point_move，如图 5-22 所示。

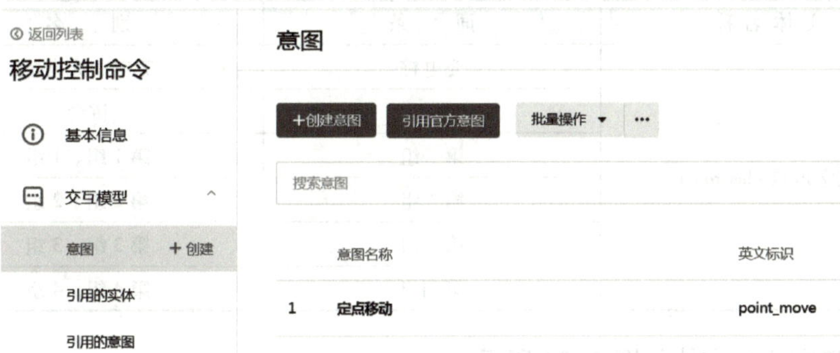

图 5-22　移动意图构建

4）构建语料。进入意图中构建语料，内容参考表 5-4。

表 5-4　语料示例

技能标识	意图	语料
移动控制命令 move	定点移动 point_move	请到第一组/第二组…… 带我去第一组/第二组…… 把物品送到第一组/第二组……

在表 5-4 所列的语料中，有 1 个关键槽位“点位名称”，槽位用花括号{}标识，结合可选符[]来构建语料，可抽象为：

- 请到{place}
- [带我|领我]去{place}
- [把物品]送到{place}

构建完成的语料如图 5-23 所示。

5）构建实体。place 是个实体，所以需要新建实体，添加词条并设置扩充别名。

需要注意的是，语音识别中可能会出现与实体名称读音一致但字不同的情况，这时就需要设置扩充别名。例如，“充电桩”有时会语音识别成“充电装”。实体名称可参考表 5-5 设置。

学习笔记

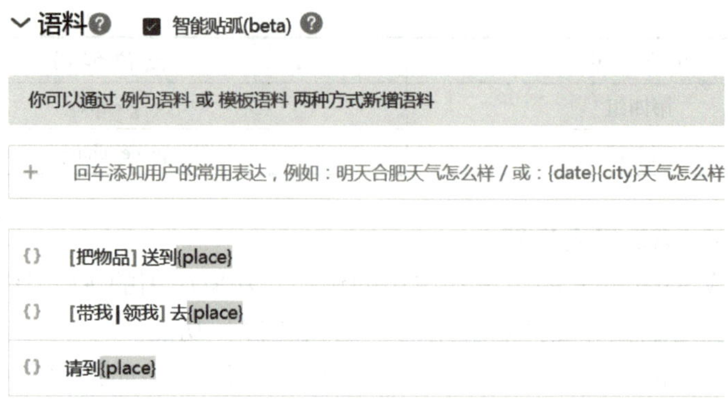

图 5-23 语料构建

表 5-5 实体名称设置

实体名称	词条	别名
教室地点 classroom	充电桩	充电、充电装
	黑板	讲台
	第一组	第 1 组、1 组
	第二组	第 2 组、2 组
	第三组	第 3 组、3 组
	第四组	第 4 组、4 组

构建完成的实体如图 5-24 所示。

图 5-24 实体构建

6）在应用配置界面完成自定义技能“移动控制命令”的添加。

7）模拟测试。在技能构建完成后，在应用配置首页的“技能体验”界面中

学习笔记

输入一句命令，如“带我去第一组”，查看应用是否能正确识别意图并返回 JSON 数据，如图 5-25 所示。

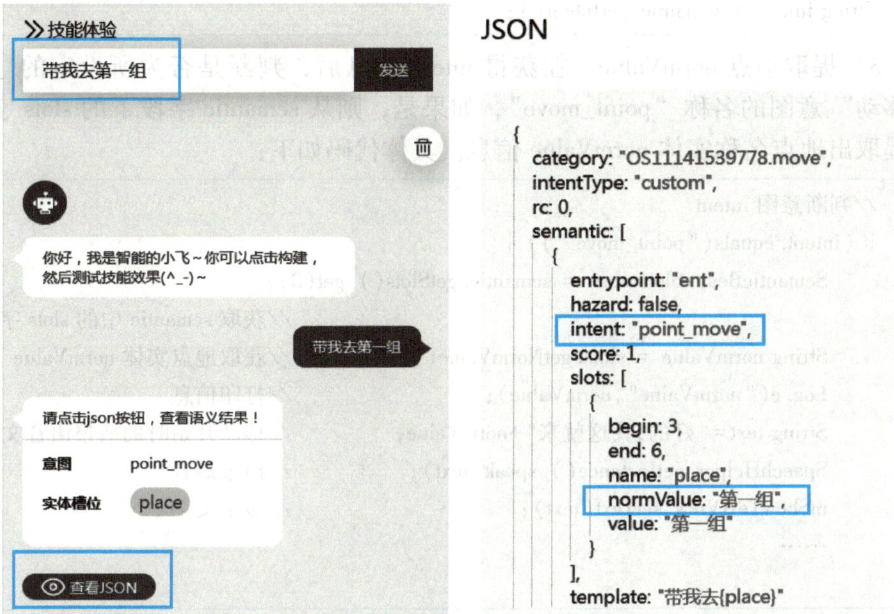

图 5-25　技能体验中语音交互测试结果

步骤 3：工程搭建及能力包导入

参考“任务 1.3　机器人开发环境配置”中步骤 7～9，完成工程搭建和能力包导入。

步骤 4：功能代码开发

本任务代码开发中的关键是从语音交互中提取出移动命令，即需要从 AIUI 返回的 JSON 数据中提取出移动意图和地点实体，从而将地点信息传递给机器人底盘进行定点移动。具体步骤如下：

1）分析 JSON 数据结构。从 JSON 数据结构中可知，意图存在于 semantic 字段内的 intent 项，地点实体存在于 semantic 字段下 slots 字段内的 normValue 项。

2）提取意图 intent。在 MainActivity. java 文件中的 onAiuiResponse 方法中对语义进行解析，即从 JSON 数据中提取出 semantic 字段，再提取出 intent 信息。具体代码如下：

```
JSONObject jsonObject = new JSONObject(s);
Gson gson = new Gson();
SemanticBean semanticBean =
(SemanticBean)gson.fromJson(jsonObject.getString("intent"), SemanticBean.class);
if (semanticBean == null) {
    return;
}
//获取 JSON 数据中的 semantic 字段
```

学习笔记

```
SemanticBean. Semantic semantic = semanticBean. getSemantic( ). get(0);
//获取 semantic 字段中的意图 intent
String intent = semantic. getIntent( );
```

3）提取地点 normValue。在获得 intent 信息后，判断是否为所设定的“定点移动”意图的名称“point_move”，如果是，则从 semantic 字段下的 slots 字段中提取出地点名称实体 normValue 信息。具体代码如下：

```
//判断意图 intent
if (intent. equals("point_move")) {
    SemanticBean. Slots slots = semantic. getSlots( ). get(0);
                                                    //获取 semantic 中的 slots 字段
    String normValue = slots. getNormValue( );      //获取地点实体 normValue
    Log. e("normValue",normValue);                  //打印信息
    String text="好的,我这就来"+normValue;          //移动开始时的播报语音文本
    SpeechHelper. getInstance( ). speak(text);      //播报语音
    mShowTextView. setText(text);                   //显示文字
    ……
}
```

4）传递给底盘移动。在获得地点信息后，将其传递给底盘进行移动，并判断底盘移动状态。当移动到目的地点后，播报到达提示语音。以移动到“第一组”为例，具体代码如下：

```
switch(normValue){
    case "充电桩": //移动到充电桩，地图中点位名称 place_charge
        HardwareServer. getInstance( ). moveToPosition("place_charge", new
          BaseHardware. onResultCallback( ) {
            @Override
            public void onResult(boolean isSuccess, String s) {
                if (isSuccess) {    //判断是否到达目的地点
                        String text = "已到达充电桩,准备充电。"; //播报语音
                        SpeechHelper. getInstance( ). speak(text);
                        mShowTextView. setText(text);
                }
            }
        });
        break;
    case "第一组": //移动到第一组，地图中点位名称 group1
        HardwareServer. getInstance( ). moveToPosition("group1", new
          BaseHardware. onResultCallback( ) {
            @Override
            public void onResult(boolean isSuccess, String s) {
                if (isSuccess) {    //判断是否到达目的地点
                        String text = "已到达第一组"; //播报语音
```

```
                    SpeechHelper.getInstance().speak(text);
                    mShowTextView.setText(text);
                }
            }
        });
        break;
    ......
}
```

步骤 5：应用权限申请

应用获得权限的方式有动态权限申请和平台签名，本次任务采用平台签名的方式获得权限。具体的操作参考“任务 1.3　机器人开发环境配置”中的步骤 10。

步骤 6：功能测试

将机器人开发实验箱与计算机通过 USB 连接线进行连接，然后将应用下载到实验箱运行，实验箱测试成功后下载到机器人本体进行测试。

首先，进行实验箱测试，具体步骤如下：

1）开发者通过语音“小途小途”唤醒机器人。

2）开发者语音命令，如“带我去第一组”，查看实验箱界面能否正确给出相应回应，如“好的，我这就去第一组”，测试结果如图 5-26 所示。

图 5-26　语音移动意图提取测试

然后，进行机器人本体测试，具体步骤如下：

1）测试前需要先检查机器人底盘地图是否构建完成，程序中地点名称与地图上地名标注是否一致。

2）开发者语音命令，如“把东西送到第一组”，观察机器人是否能正确移动到第一组位置，以及移动到目的地后能否正确播报提示语音。

3）开发者语音命令，如“回黑板”，观察机器人是否能正确移动到黑板位置，以及移动到目的地后能否正确播报提示语音，如图 5-27 所示。

学习笔记

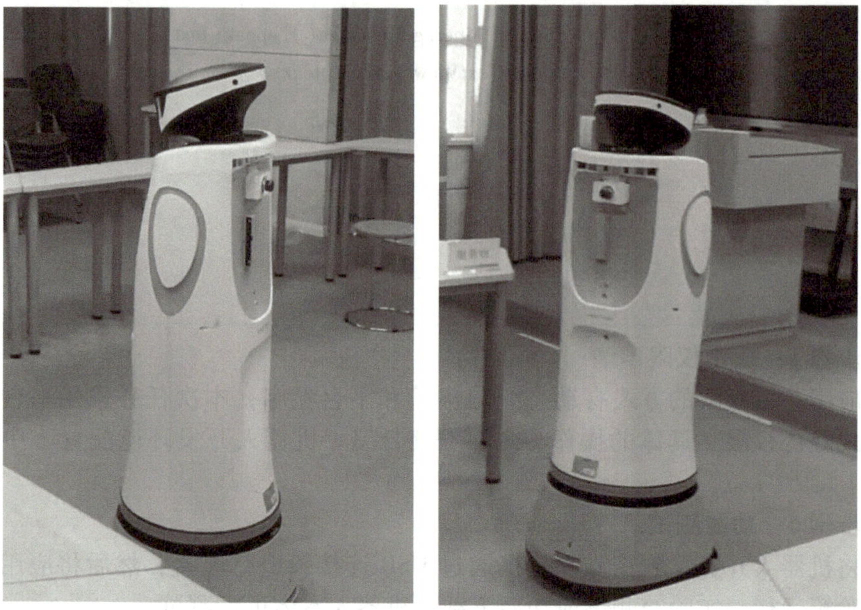

图 5-27　语音命令机器人移动功能测试

思考与拓展

1. 机器人在移动中如何实现通过语音命令其紧急停止？写出关键代码。

2. JSON 数据中 slots 字段中的 normVlaue 和 value 值有什么区别？是否可以替换使用？

项目评价

学习笔记

班级		姓名		学号		日期	

自我评价

评价项目	评价内容	权重	A	B	C	D
知识掌握	掌握语音交互、图像识别与底盘数据传递设计流程	0.1				
	掌握语音、图像和移动等功能集成方法	0.1				
能力提升	能够根据实际场景和功能需求构建底盘地图	0.1				
	能够通过编程，实现循声转向和表情协同功能开发	0.1				
	能够通过编程，实现根据用户语音命令机器人定点移动的功能开发	0.15				
	能够在机器人开发实验箱、机器人本体上完成综合功能的开发与调试	0.15				
素养养成	态度端正，无缺席、迟到、早退现象	0.1				
	与小组成员、同学之间能沟通交流，协作工作	0.1				
	能按照 6S 规范标准做到整理整顿、清扫清洁、注意素养、安全操作	0.1				

小组评价

评价项目	评价内容	权重	A	B	C	D
参与态度	在小组讨论中积极发言，主动操作调试	0.4				
协作精神	能积极配合小组成员完成工作任务	0.3				
能力提高	完成任务过程中能力有提升，学习有收获	0.3				

教师评价

评价项目	评价内容	权重	A	B	C	D
能力包调用程序编写	功能流程实施正确	0.1				
	软（硬）件操作熟练	0.1				
	平台设置正确	0.1				
	正确调用能力包	0.1				
	正确编写代码	0.1				
模拟调试测试运行	功能调试正确	0.05				
	机器人操作规范	0.05				
	机器人运行正确	0.05				
	问题分析及解决记录	0.05				
	完成速度	0.05				
职业素养	设计创新能力	0.05				
	团队协作能力	0.05				
	汇报交流能力	0.05				
操作规范	工位收拾整齐	0.05				
	安全操作	0.05				

参 考 文 献

[1] 余正泓，卢敦陆，熊友军．服务机器人实施与运维：中级［M］．北京：机械工业出版社，2022.

[2] 马亲民，彭艳，杨欧，等．服务机器人应用开发：初级［M］．北京：机械工业出版社，2023.

[3] 谢志坚，熊邦宏，庞春．AI+智能服务机器人应用基础［M］．北京：机械工业出版社，2020.

[4] 黄大岳，欧阳锷．服务机器人基础［M］．北京：机械工业出版社，2023.

[5] 科大讯飞股份有限公司. 智能机器人学习指南［Z］．2022.